개정판

Western Cuisine

양식조리기능사 | 양식조리산업기사

기초서양조리

김정수 · 채현석 · 이교찬 공저

 (주)백산출판사

2020년 외식트렌드의 변화가 조리 전문 인력 양성에 앞장서는 대학과 관련 분야의 시스템을 변화시키는 시점에서 조리 전문 인력들이 이제는 한식과 양식의 경계를 명확하게 구분하고 나아가 한식을 바탕으로 한 양식의 대중화를 한발 더 성장시키는 계기로 본 조리서가 조리 초년생들에게 앞으로 조금이나마 쉐프로서의 길잡이가 되었으면 하는 바람으로 기술하였습니다.

외식산업의 발달로 서구식 프랜차이즈 업체와 레스토랑이 성업하고 있다. 스테이크, 샌드위치, 파스타, 리조토, 피자 등의 서양식 메뉴가 대중화되었고, 이는 한식 메뉴 및 조리법과 결합되어 우리에겐 이미 일반적인 음식으로 인식되고 있다. 이러한 양식요리의 대중화에 힘입어 최근에는 양식조리기능사 및 산업기사의 취득 수요가 늘어나고 있다. 이론과 실무를 겸비한 전문 양식조리사가 되기 위해서는 자격증 취득이 필수적이며, 이는 양식조리를 전공하기 위한 필수요인이다. 그와 더불어 식생활 또한 더욱 다양하고 정교하게 변화하고 있으며, 식문화가 그 사회의 정체성을 나타내는 특정한 요인으로 자리 잡게 되었다. 다시 말해 '어떤 식재료를 어떠한 방법으로 조리해서 먹는가'가 그 집단의 중요한 특성을 나타내는 것이다. 이것은 전문조리사 지망생이 아니어도 조리를 배우고 즐기는 사람들이 점점 늘어가는 것에서 확인할 수 있다.

본 요리서는 수정된 양식조리기능사와 산업기사의 특징들에 대하여 기술하였다. 조리용어, 조리방법, 스톡, 소스, 수프 등의 주요한 특성을 올바르게 습득할 수 있도록 하였으며 조리용어 해설을 수록하여 서양조리에 쉽게 접근할 수 있도록 하였다.

또한 다년간의 조리 실무경험과 강의경험을 바탕으로 수험생들이 조리법을 이해하기 쉽게 하기 위하여 정성을 다하였다. 양식조리기능사 및 산업기사 실기감독의 경험을 살려 새롭게 바뀐 한국산업인력공단의 출제기준을 기반으로 실제 시험에 활용도를 높일 수 있도록 최선의 노력을 다하였다. 따라서 기존의 책들과 차별화하여 양식조리기능사 및 산업기사 자격 취득에 많은 도움이 될 것이며 현장에서 필요로 하는 고급서양요리를 두루 섭렵하게 될 것이다. 본 요리서와 함께 열심히 노력하는 모든 수험생들이 합격의 영광을 누릴 수 있기를 바란다.

그러나 이러한 노력에도 불구하고 미비한 부분은 있으리라 생각하며 그런 부분은 꾸준히 연구하여 보완·발전시킬 것을 약속한다. 본 요리서와 함께 서양조리에 입문하는 모든 사람들이 요리를 즐기고 사랑하기 바란다.

끝으로 본서의 출간을 도와주신 모든 분과 백산출판사 진욱상 사장님을 비롯한 편집진에게 감사드린다.

2020년 2월
저자 드림

차례

제3부 양식조리산업기사 이론

제4부 양식조리산업기사 실기

제1부

양식조리기능사
이론

양식조리기능사 이론

1. 위생 관리하기

1) 위생 관리

(1) 개인위생

개인위생이라 하면 공중위생에서 개인을 대상으로 하는 위생을 일컫는다. 그러나 시대의 발전과 더불어 위생에 대한 관심이 높아지면서 공중위생이 그와 같은 방법만으로는 미흡하다는 것이 드러남에 따라 지금은 개인적인 지도를 중심으로 하는 위생교육에 큰 비중을 두게 되었는데, 이것을 개인위생이라고 한다.

① 올바른 손 씻기

손은 모든 표면과 직접 접촉하는 부위로, 각종 세균과 바이러스를 인체로 전파시키는 매개체이다.

우리가 알고 있는 감염성 질환은 공기를 통해 코나 입으로 병균이 직접 침입하기보다는 바이러스가 묻은 손이 눈이나 코, 입과 접촉하여 감염되는 경우가 더 많다고 알려져 있다.

손은 43℃ 온수에서 20초 이상 물비누를 사용해야 씻어야 한다. 손 세척이 필요한 상황은 화장실 이용 후, 날음식물 처리 후, 몸을 만지거나 타인과 접촉한 후, 음식 찌꺼기 및 폐기물 취급 후, 식기 세척 작업 후, 식사·흡연·차를 마신 후, 오염 가능성이 있는 집기나 물품과 접촉한 후, 코를 풀거나 기침, 재채기 후, 베인 상처나 창상을 만진 뒤, 식품의 보관 또는 정리 후, 쓰레기통, 화학제품 사용 후, 청소 후, 칼을 간 후 등이다.

㈎ 손 씻는 방법

손을 씻을 때는 항균 성분이 포함된 비누나 세정제를 이용하면 더 효과적이다. 이때 비누는 물비누를 추천한다. 고형 비누는 불특정 다수가 사용하는 경우가 많고 젖은 상태에서는 오염될 확률이 높아서 작게 잘라서 사용하거나, 사용 후 잘 건조해서 사용하는 것이 좋다.

물비누를 사용해 흐르는 미온수로 올바른 방법에 따라 씻는다면 손에 남아 있는 세균의 약 99.8%를 제거할 수 있다.

먼저 손바닥과 손바닥을 마주 대고 비누 거품을 충분히 내 손과 팔목까지 꼼꼼히 문질러 닦아야 하고 흐르는 물에 깨끗하게 헹군다.

이때 손가락 끝과 손가락 사이, 손톱 밑은 손을 씻을 때 지나치기 쉬운 부위. 특히 손톱은 세균의 온상으로 씻을 때는 손톱을 반대쪽 손바닥에 문질러 씻어야 한다.

마지막으로 손을 씻고 난 다음에는 여러 명이 사용하는 수건은 균의 또 다른 매개체가 될 수 있기 때문에 일회용 종이 타월이나 내부 세정이 잘되어 있는 온열 건조기를 이용해 물기를 완전히 건조시키면 된다.

② 올바른 조리위생복 착용 방법

조리위생복, 앞치마, 위생 모자는 현장에서 근무하는 조리 종사원의 신체를 조리 시 발생되는 열과 가스, 전기, 위험한 주방기기 등 조리 시 현장에서 발생할 수 있는 위험요소로부터 신체를 보호하는 역할을 한다. 또한 음식을 만들 때 위생적으로 작업하는 것을 목적으로 한다. 따라서 더럽혀지거나 오염되면 바로 갈아입는 것이 중요하며, 무엇보다 올바른 방법으로 착용하는 것이 중요하다.

㈎ 조리위생복 착용 모습

조리위생복의 가슴 부분에 두 겹의 천이 대어져 있는 것은 가슴에 화상을 입거나 오물이 묻는 것을 방지하기 위함이며, 원형 단추를 사용하는 것은 혹시 모르를 사고에 대비하여 빠르게 벗기 위해서이다. 상의는 자신의 몸에 적당한 크기를 입고 소매는 너무 많이 걷어 착용하지 않는다.

바지는 조리 중 사고를 방지하기 위하여 긴바지를 입어야 하며, 땀 흡수 및 통풍이 잘되고 어두운 색상에 활동하기 편한 것으로 선택하여 입는다.

신발은 칼이나 다른 날카로운 조리 도구가 바닥에 떨어졌을 때 발과 다리를 보호할 수 있고, 방수 및 통풍이 잘되며, 신발 바닥이 미끄러지지 않는 안전화를 착용한다.

▲ 올바른 조리복 착용(앞)　　　　▲ 올바른 조리복 착용(뒤)

(나) 조리위생복 앞치마 착용 방법

앞치마는 상의와 바지에 오물이 튀어 얼룩이 생기는 것을 방지하기 위하여 착용하며, 앞치마 끈은 사진의 방법과 같이 단정하게 매듭지어 활동에 불편함을 주지 않는 것이 중요하다.

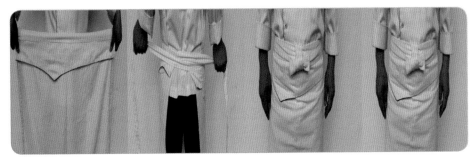

▲ 올바른 앞치마 착용 방법

(다) 위생모자 착용 방법

위생모자는 머리카락이 음식에 떨어지는 것을 방지하며, 이마의 땀을 흡수하여 얼굴로 흐르는 것을 방지한다.

모자의 재질과 모양은 각기 다르지만, 청결하고 구겨지지 않게 관리하고 똑바로 착용하는 것이 중요하다. 또한, 여성의 경우 머리망과 실핀을 사용하여 머리카락이 음식에 들어가지 않도록 잔머리를 포함하여 깔끔하게 묶어 머리망을 착용한다.

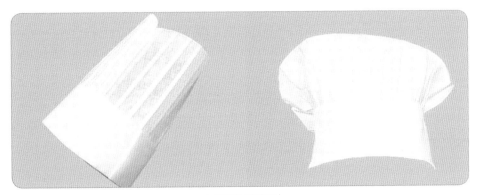

▲ 조리용 위생모자

③ 기본 위생 습관

- 손톱은 늘 짧고 깨끗하게 유지하여야 한다.
- 아무리 작은 상처 또는 베인 곳은 붕대로 감싸고 합성수지 장갑을 착용한다.
- 식품을 취급 중에는 담배를 피우거나 껌을 씹거나 침을 뱉지 않는다.

- 화장실에 갈 때는 탈의실에서 작업복, 작업모, 신발 등을 바꿔 착용한다.
- 반지, 팔찌, 손목시계, 목걸이 등의 장신구는 식품을 조리하는 작업 중에 교차오염을 일으킬 수 있으므로 착용하지 않는다.

(2) 조리 작업장 위생 관리

개인위생이 개인에게는 사소한 문제이지만, 식품의 안전성에는 결정적인 영향을 미친다.

질병은 신체의 어느 부분에서도 전파될 수 있으므로, 작업장 내에서 개인위생과 관련하여 준수해야 할 개인 습관은 다음과 같다.

- 식품 취급 장소에서는 절대 흡연하지 않는다.
- 식품 취급 장소에서는 먹거나, 마시거나, 껌을 씹지 않는다.
- 침을 뱉지 않는다.
- 손톱을 물거나 핥지 않는다.
- 코를 만지거나 긁지 않는다.
- 식품 앞에서는 재채기하지 않는다.
- 주방 내에서는 머리를 만지지 않는다.
- 국자 등으로 절대로 음식을 맛보지 말고, 한번 사용한 숟가락으로도 맛보지 않는다.

① HACCP 개인위생 및 작업장 위생에 대한 법률적 기준

'식품위생법(2015) 제3조 식품 등의 취급'에 따르면, "누구든지 판매(판매 외의 불특정 다수인에 대한 제공을 포함한다. 이하 같다)를 목적으로 식품 또는 식품 첨가물을 채취 · 제조 · 가공 · 사용 · 조리 · 저장 · 소분 · 운반 또는 진열할 때는 깨끗하고 위생적으로 하여야 한다."라고 정의하였다.

모든 위해 요소 파악과 관리는 HACCP 원칙에 의한다. HACCP란 1950년대 미국에서 최초로 적용되었다. 'Hazard analysis critical control point'의 약자로 식품안전관리 인증기준으로 '해썹'이라고 지칭한다.

식품의 안전성을 확보하기 위하여 식품 재료의 생산에서부터 식품의 제조, 가공, 보존 및 유통 단계를 거쳐 최종적으로 소비자의 손에 들어가기까지의 모든 단계에서 발생할 수 있는 위해 요소를 분석, 평가하고 이를 방지 및 제거하기 위하여 중점적으로 관리해야 할 지침을 정하여 관리하는 사전감시 및 관리 시스템이다.

② 방서 관리
- 주방과 홀에는 해충, 쥐 등 오염 매개체를 관리하는 살균기, 방충망 등 방충, 방서 대책이 계획되고 수행되어야 하며, 필요한 경우 전문 위탁업체에 의뢰하여 관리할 수 있다.
- 쥐의 침입이 가능한 배수구 및 균열 등을 정기 점검하여 보수하여야 한다.
- 수저는 반드시 100℃ 끓는 물에 소독하여야 하며, 행주는 주방용과 홀용으로 구분해서 사용하여야 하며, 홀의 식탁을 1회 이상 사용을 금해야 하고, 행주는 반드시 삶아서 사용해야 한다.

(3) 교차오염

① 개인 교차오염 방지

칼과 도마 등의 조리 기구나 용기는 조리 과정에서 교차오염을 방지하기 위하여 용도별로 구분하여 사용하고, 수시로 세척 및 소독하여 사용한다.

식품 취급 등의 작업은 식자재를 바닥에서부터 60cm 이상 높이에서 행함으로써 바닥에서 발생할 수 있는 오염을 방지해야 한다.

또한, 원재료와 조리된 식품을 동시에 취급하는 일은 교차오염의 위험을 높일 수 있기 때문에 주의해야야 한다.

② 교차오염 방지

작업장은 침수되지 않아야 하며, 지하수 등 취수원은 화장실, 폐기물, 폐수처리시설 등 지하수가 오염될 우려가 있는 장소로부터 20m 이상 떨어진 곳에 있어야 한다.

작업장은 탈의실, 식당, 직원 휴게실, 화장실과 분리되어야 한다. 작업장은 청결 구역과 일반 구역으로 나누고, 구역 간 교차오염을 방지하기 위하여 벽 등으로 분리해야 한다.

마지막으로 작업장의 내부는 누수, 외부의 오염물질이나 곤충 및 설치류의 유입을 차단할 수 있는 적절한 보호 조치를 해야 한다.

작업 중에는 교차오염을 방지하기 위하여 작업 중에는 날음식과 접촉한 조리대, 도마, 칼 등의 조리 도구는 열처리를 하지 않고 바로 먹는 음식이나 조리된 음식을 다루기 전에 완전하게 세척, 살균하여야 한다.

교차오염은 단순한 조리 도구 외에도 접시, 도마, 칼, 포크, 슬라이서, 행주, 앞치마, 스펀지 등에서도 일어날 수 있다. 조리 시 사용하는 가공식품을 개봉할 때도 개봉 전 제품의 윗면 먼지와 이물질을 세척한 뒤 개봉하는 것이 좋다.

생식육은 냉장고에서 보관할 때 조리가 끝나 바로 먹을 식품 위에 보관해서는 안 된다.

냉장고 속 생식육의 육즙이 아래 식품에 떨어져 교차오염이 발생할 수 있기 때문이다.

㈎ 작업 중 위생장갑

조리 작업 중 교차오염 발생을 줄이기 위하여 작업자는 여러 종류의 장갑을 착용할 수 있다. 단단한 식재료를 절단해야 할 때는 그물장갑을 착용하고, 기구 등을 세척할 때는 고무장갑을 착용한다. 끝으로 식품을 취급할 때는 합성수지 재질의 장갑을 착용해야 한다.

① 일회용 장갑을 착용할 때는 사전에 손을 깨끗하게 세척하고 건조한 뒤 사용한다.

② 너무 헐렁한 장갑은 작업에 방해가 되며 미생물 오염 발생 우려가 크며, 너무 작은 장갑은 땀의 발생과 온도 상승으로 미생물 증식이 촉진될 수 있으므로 적당한 크기의 장갑을 착용해야 한다.

③ 장갑이 더러워지거나 찢어졌을 경우에는 즉시 교체하며, 다른 작업을 시작할 때도 교체하여 사용한다.

④ 지속적인 작업 진행 시 4시간 이내에 새것으로 교체하여 사용한다.

⑤ 점성이 높은 식품이나 포장하지 않은 식품을 취급할 때는 면장갑을 착용하지 말아야 하며, 재사용이 가능한 장갑은 반드시 세척, 살균한 뒤 재사용한다.

(나) 작업 중 위생 마스크

조리 작업 중 타액으로 발생하는 각종 바이러스, 식재료 교차오염 발생을 줄이고자 작업장 혹은 고객과 직접 대화가 가능한 오픈 주방에서는 마스크 착용을 권장한다.

마스크 착용이 어려운 상황에서 재채기가 나올 경우 음식의 반대 방향으로 재빨리 몸을 돌려 입을 막은 상태로 재채기한 후 손을 깨끗하게 소독 후 다시 조리한다.

① 일회용 위생 마스크가 아닌 경우 일 2회 이상 꼭 소독 후 착용한다.
② 마스크를 딱 맞게 착용한 경우 귀 및 턱관절에 무리가 올 수 있으며, 너무 크게 착용하면 작업에 방해가 되며, 제품 무게의 몇십 배 이상 무게 압력이 발생할 수 있으므로 고무 밴드를 수시로 조절하며 작업한다.

▲ 위생 마스크

▲ 위생 마스크의 올바른 착용 모습

(다) 식재료 폐기

원재료의 폐기를 최소화하기 위해서는 식재료 품목에 대한 적절한 저장 조건을 이해하고 이에 관한 기초설비를 계획, 설치하는 것이 중요하다. 즉, 부적절한 저장온도, 과도한 저장기간, 적절한 환기 부족, 저장되는 식품 원재료의 부적당한 가격, 적정 위생 관리에 대한 실패로 박테리아 등과 같은 기타 미생물 번식, 검수에서 저장까지의 과도한 시간 지체 및 상온에서의 방치 등은 식재료 상태를 손상시켜 폐기율을 높일 수 있다. 따라서 적절한 발주와 식재료 보관에 더욱 유의하고 선입선출에 신경 써야 한다.

그 밖의 조리 중에 발생하는 각종 폐기물은 지정된 폐기물 함에 넣어 반출한다. 수집된 폐기물은 폐기물 처리업체에 위탁하여 처리한다. 끝으로 조리 중에 발생하는 폐수를 위생적으로 처리하는 폐수 처리는 수질환경보전법의 관련 규정에 맞게 처리하여야 한다.

2. 안전 관리하기

1) 안전 관리

(1) 안전 관리

조리장은 각종 기계 및 위험이 상존하는 공간으로 항시 안전사고를 예방하기 위하여 조리 및 장비의 정리정돈을 상시 실시, 업장 내 반복 작업에 따른 부상 및 질환에 대비하여 안전 장구류를 반드시 착용하고 작업장에 입실해야 한다.

① 각종 칼에 대한 안전 예방 수칙

칼은 음식을 자르는 이외의 목적에는 절대 사용하지 말아야 한다.

손에 들고 장난치는 것은 절대 금물이며, 혹 조리 중 칼을 바닥에 떨어뜨렸을 때 절대 손으로 잡지 않고 피하는 것이 원칙이다.

조리용 칼은 양파나 당근, 감자처럼 표면이 둥근 식재료를 자를 때는 한 면을 잘라 식재료가 미끄러지지 않게 고정한 후 손질하는 것이 좋으며, 손잡이가 미끄럽지 않게 유지하여야 한다.

① 칼을 쥐고 걸을 때는 칼의 뾰족한 부분은 항상 아래로 향해야 한다.

② 작업 중 바닥에 떨어진 칼은 절대 잡으려고 하지 말아야 한다.

③ 칼은 항상 도마에서만 사용해야 한다.

④ 칼은 사용 후 바로 세척하는 것이 가장 좋으며, 주방 기물을 세척하는 싱크대에 칼을 놓아서는 안 된다.

⑤ 손으로 칼날이 서 있는 정도를 확인하는 것은 위험하다.

⑥ 조리용 칼은 날이 항상 잘 서 있어야 한다. 날이 무뎌 있는 칼은 작업을 어렵게 할 수 있으며, 이로 인하여 안전사고가 발생할 수 있다.

⑦ 뜨거운 식기 세척기의 열에 의해 손잡이와 칼날 연결 부위가 헐거워져 안

전사고 위험이 발생할 확률이 높기 때문에 칼은 식기 세척기 사용을 금해야 한다.

⑧ 사용 후 세척할 때는 칼의 등 쪽에서 칼날을 바깥쪽으로 조심스럽게 세척한다.

⑨ 칼을 보관하기 전에는 반드시 세척 → 소독 → 건조 과정을 거친 후 보관한다.

⑩ 조리용 칼은 반드시 식재료 손질에만 사용한다.

⑪ 칼의 사용은 칼의 형태와 크기, 용도에 맞게 사용하여야 한다.

⑫ 다른 사람에게 칼을 전달할 때는 칼날 등 쪽을 조심스럽게 붙잡고 칼의 손잡이가 상대방을 향하게 하여 전달한다.

⑬ 칼을 테이블 위에 놓아 둘 때는 테이블 끝에 놓는 것은 위험하다.

⑭ 칼을 사용하지 않을 때는 칼날이 작업자와 반대 방향으로 향하게 놓아야 한다.

⑮ 칼은 행주나, 일회용 타월 등으로 덮어놓지 말아야 하고, 반드시 누구든지 칼을 볼 수 있게 해야 한다.

⑯ 테이블 정리·정돈 시 칼을 가장 먼저 정리하여 안전사고를 예방한다.

[조리용 칼 손질 방법]

• 식재료를 손질하고 나면 항상 청결을 유지하도록 닦아 준다.

• 흐르는 온수에 손질하고 수분을 제거하여 보관한다.

• 나무 손잡이가 달린 조리용 칼은 물에 담가 놓으면 안 된다.

• 칼날이 무뎌진 경우 그대로 사용하는 것은 사고 위험이 있으므로 꼭 칼날을 재정비한 뒤 다시 사용한다.

② **작업장 안전 관리**

주방 주변은 해충 또는 해충의 알이 서식할 수 있는 오물이 제거되어야 하며, 매연, 악취, 분진 등이 존재하지 않도록 항상 청결하게 관리해야 한다.

창문은 바닥면에서 적절한 높이에 설치하고, 방충망을 설치하여 해충 및 오염 물질의 침입을 예방해야 한다.

배수구를 적절히 설치하여 주방 바닥에 폐수가 고이지 않도록 관리한다. 배수구에 생길 수 있는 해충의 서식지를 제거하고, 폐기물·음식물 또는 폐수에 의한 오염을 방지하는 것이 중요하다.

천장 구조는 청소하기 쉽게 설계하고, 먼지 및 응결수가 생기지 않도록 설계하는 것이 중요하며, 늘 청결하게 유지되어야 한다.

상부에 설치된 조명시설 또는 배관은 제품이 오염되지 않게 보호되어야 하고, 내벽과 바닥의 연결 부위는 곡선 처리한다. 바닥은 적절한 경사(1/100)를 확보하여 세척과 청소가 쉽고 미끄럽지 않은 구조를 가져야 한다. 파손 시에는 안전사고 위험이 높으므로 즉시 보수, 관리하여야 한다.

㈎ 작업장 조명

작업장의 조명은 작업자의 능률과 안전에 직접 영향을 미치므로 주방과 홀의 조명은 220Lux 이상 조도를 유지하여야 한다. 식자재의 색상이 다른 색으로 보이는 광선을 사용하지 않는 것이 좋다.

또한, 작업장(주방) 내 전구시설 등이 파손 시 식육을 오염시키지 않도록 보호시설 및 청소, 교환 등의 청결 관리를 하여야 한다.

① 전반조명

작업장의 기본적인 조명을 전체적으로 설치한 것을 의미한다. 작업의 성질, 종류에 따라서 최저도의 조명 수준이 달라진다. 작업장의 조명은 작업자의 안전을 위하여 실내 전체를 일정하게 조명한다. 단, 집단작업을 할 경우에는 전반 조명으로 작업장의 조도분포를 일정하게 할 수 있다.

② 보조조명

보조 조명을 한 곳은 높은 조도가 되고 주변은 상대적으로 어둡게 되기 때문에 전반 조명과 보조 조명과의 협조를 고려한다.

③ 특수조명

아주 작은 대상을 검사하는 데 렌즈를 사용하는 방법 외에 상을 확대해서 스크린에 투영하는 방법이 있는데, 이때 주로 사용한다. 외식업체에서는 거의 사용하지 않는다.

⑷ 낙상 사고

낙상이란 자신의 의지와 관계없이 갑자기 넘어져서 뼈와 근육 즉 근골격계에 상처를 입는 사고를 말한다. 낙상 사고는 주로 노인들에게 많이 발생하지만, 젊은 사람들도 자주 낙상 사고를 당하여 해마다 발생률이 늘고 있는 추세이다.

주방은 특히 낙상 사고의 위험이 큰 곳으로 몸에 맞는 깨끗한 조리복과 작업 활동에 적합한 안전화를 착용하는 것이 매우 중요하다. 조리장 바닥에 기름류, 핏물 등 이물질이 묻어 있는 경우 곧바로 세척하여 안전사고를 예방한다. 또한 출입구와 비상구는 항상 깨끗하고 안전하게 관리하는 것이 중요하다.

⑸ 기기 사고

주방 책임자는 주방 종사원의 안전과 장비 관리를 위하여 주방에서 사용하는 모든 장비의 사용법, 분해 방법, 세척법 등을 수시로 교육하며, 장비를 점검하는 것이 중요하다. 이때 기계 작동 전 안전장치를 확인하고 기계의 이상 유무를 먼저 확인한 뒤 교육한다.

장시간 기계를 사용하면 사고의 위험을 높여주므로 적절한 시간 동안 사용 후 일정시간 휴식하는 것이 좋다. 마지막으로 작업 중 잡담은 집중을 이완시키므로 금하며, 작업 도중 기계의 이상이 발생하면 즉시 전원을 차단하고 확인하는 것이 좋다.

⑹ 화상 사고

주방에서 주로 발생하는 화상 사고는 크게 두 가지로 나눌 수 있다.

하나는 뜨거운 주방기구의 표면을 접촉하여 작업자가 화상을 입는 경우, 또 다른 하나는 뜨거운 물이나 기름, 수증기 등에 화상을 입는 경우이다.

① 뜨거운 음식과 기구를 옮길 경우 행주나 앞치마를 사용하지 말고 꼭 마른 행주나 헝겊 장갑을 이용하여야 한다.

② 오븐에서 조리하는 경우 팬 등은 온도가 매우 높으니 안전 장구를 착용한 뒤 사용한다.

③ 뜨거운 수프나 끓는 물에 재료를 넣어야 하는 경우 재료가 미끄러지게 넣어 준다.

④ 열과 스팀이 발생하는 기계나 도구를 열 때는 수증기 화상에 주의하여야
   한다.
⑤ 뜨거운 용기를 이동할 경우 주변 사람에게 이동 중임을 알려 충돌을 방지
   한다.

(2) 식품위생 질병 및 식중독

식품위생법 제2조 제10호에 의하면, 식중독(Food poisoning)이란 식품의 섭취에 연관된 인체에 유해한 미생물 또는 미생물이 만들어내는 독소에 의해 발생한 것이 의심되는 모든 감염성 또는 독소형 질환을 일컫는다.

세계보건기구(WHO)는 "식품 또는 물의 섭취에 의해 발생되었거나 발생된 것으로 생각되는 감염성 또는 독소형 질환"으로 규정하고 그 증상에는 구토·두통·식욕부진·두드러기·설사·복통 등을 동반하는 건강장애로 때로는 발열을 일으키기도 하며, 원인물질에 따라 신경계 이상 증상을 일으키기도 한다. 그러나 기생충과 영양결핍에 의한 질환과 병원성균에 의한 경구 감염병 등은 식중독으로 분리하지 않는다. 또한 식중독과 비슷한 증상 중 한 가지로 '알레르기 반응'이 있는데, 알레르기는 식품군으로부터 단백질이나 다당류, 핵산, 핵단백질 또는 당지질의 큰 분자가 완전하게 분해·소화되지 않은 채 위장관에 흡수되고 이들에 대한 항체가 생성되어 일어나는 반응으로 식중독과는 무관하다. 식품의약품안전처 식중독 예방홍보 자료를 토대로 작성된 아래의 표를 참고하면 식중독에 대한 이해가 쉽다.

[식중독 원인별 분류]

분류		종류	원인균 및 물질
미생물 식중독 (30종)	세균성	감염형	살모넬라 · 장염비브리오 · 콜레라 · 비브리오 불니피쿠스 · 리스테리아 · 모노사이토 제네스 · 병원성 대장균 · 바실러스 · 세레우스 · 쉬겔라 · 여시니아 · 엔테로콜리티카 · 캠필로 박터 제주니 · 캠필로박터 콜리 ⇒ 균이 장 내에서 증식
		독소형	황색포토상구균 · 클로스트리듐 · 퍼프린젠스 · 클로스트리듐 보툴리눔 ⇒ 식품 내에서는 균이 증식, 독소 생성 후 섭취 중독 '감염 독소형'은 식품 내에서는 독소를 생성하지 않지만, 장내에 증식하여 독소를 생성
	바이러스성(7종)	공기 · 접촉 · 물 등의 경로 전염	노로 · 로타 · 아스트로 · 장관아데노 · A형 간염 · E형 간염 · 사포바이러스
	원충성 (5종)	–	이질아메바 · 람블편모충 · 작은와포자충 · 원포자충 · 쿠도아
자연독 식중독		동물성 자연독에 의한 중독	복어독 · 시가테라독
		식품성 자연독에 의한 중독	감자독 · 원추리 · 여로 외
		곰팡이 독소에 의한 중독	황변미독 · 맥각독 · 아플라톡신 외
화학적 식중독		고의 · 오용으로 첨가된 유해물질	식품첨가물
		본의 아니게 잔류, 혼입되는 유해물질	잔류농약 · 유해성 금속화합물
		제조 · 가공 · 저장 중에 생성되는 유해물질	지질의 산화생성물 · 니트로아민
		기타 물질에 의한 중독	메탄올 외
		조리 기구 · 포장에 의한 중독	녹청 · 납 · 비소 외

출처: 식품의약품안전처, 식중독 예방홍보자료(http://www.mfds.go.kr).

(3) 화재 및 안전 예방

① 올바른 소화기 구별법

소화기는 사용하는 약품이나 방법에 따라 다양한 종류로 나뉜다. 현재 일반적으로 사용하는 소화기에는 포말 소화기, 분말 소화기, 할론 소화기, 이산화탄소 소화기로 나눌 수 있다. 모든 소화기는 소방법에 따라 사용 가능한 화재 종류를 표시하게 되어 있으며, 그 종류는 크게 3가지로 나뉠 수 있다.

① 일반 화재용: 나무나 종이, 솜, 스펀지 등의 섬유류를 포함한 화재에 사용할 수 있다.

② 유류 화재용: 기름과 같은 가연성 액체의 화재에 사용할 수 있다.

③ 전기 화재용: 누전으로 인한 화재에 사용할 수 있다.

그 외에 대형 소화기는 A급의 일반 화재용과 B급의 유류 화재용 소화기로 나뉘지만, 일반 가정에서 사용하는 소화기는 대부분 모든 화재에 사용할 수 있는 약제를 사용하므로 구분없이 보통 화재, 유류 화재, 전기 화재 모두 표시되어 있다.

② 소화기 보관과 관리 방법

화재가 발생했을 때 소화기를 제대로 사용하려면 평소 소화기 관리가 매우 중요하다. 흔히 소화기를 일회용이라고 생각하기 쉽지만, 관리를 잘한다면 소화기 수명은 늘어날 수 있다. 소화기는 특별하게 유통기한이 없으며, 관리를 잘하다 사용한 소화기라도 약제를 다시 충전해 사용할 수 있다.

화재 발생 시 평소 관리가 제대로 안 된 소화기는 오작동으로 화재 진압에 어려움을 겪을 수 있다. 소화기는 직사광선과 높은 온도와 습기를 피해 보관하는 것이 좋으며, 언제라도 사용할 수 있도록 눈에 잘 띄는 곳에 놓는다. 마지막으로 사고 예방을 위하여 소화약제가 굳거나 가라앉지 않도록 한 달에 한 번 정도는 위아래로 흔들어 주는 것이 좋다.

축압식 소화기에는 손잡이 아래쪽에 달린 지시 압력계가 정상 부위(초록색)에 있는지 확인하며, 분말 소화기는 별도의 압력계가 없으므로 소화약제가 잘 들어 있는지 확인하기 위하여 가끔 중량을 재어보는 것이 좋다.

3. 메뉴 관리하기

1) 메뉴 관리

(1) 메뉴(Menu)

① 메뉴의 종류

메뉴의 종류로는 기본 메뉴, 순환 메뉴, 단기 메뉴, 복합 메뉴 등 네 가지가 있다.

(가) 기본 메뉴

한식·중식·양식·일식·뷔페 등 어떠한 레스토랑이든지 그 레스토랑만의 특색이 있다. 즉, 기본적인 메뉴는 그 레스토랑의 이미지를 대표하는 메뉴이다.

(나) 순환 메뉴

순환 메뉴는 일정한 기간을 두고 그 기간에 주기적으로 판매하는 메뉴로, 그 기간은 여러 가지 목적에 따라 설정된다. 어떤 경우에는 일주일 간격으로 매주 같은 날에 고정된 요리를 고객에게 제공하기도 하고, 제철 음식을 가지고 프로모션을 하는 경우도 이 메뉴에 해당한다. 주로 종교적인 색채가 짙은 나라에서는 이와 같은 메뉴가 오랜 전통으로 자리 잡혀 있다.

(다) 단기 메뉴

단기 메뉴는 특별한 기간에 고객의 시선을 끌거나, 행사의 일환으로 모든 재료나 조리 준비가 되었을 때 시행하는 메뉴이다. 조리장이 가지고 있는 능력을 고객에게 상기시키기 위한 일종의 고객 유치 방안으로 주로 이용하는데, 우리가 쉽게 볼 수 있는 특별 메뉴가 바로 이러한 종류에 속한다.

(라) 복합 메뉴

모든 메뉴의 형식을 골고루 갖춘 메뉴라 할 수 있다. 일반적으로 요리의 판매는 아침, 점심, 저녁으로 나뉘는데, 고객이 시간에 관계없이 언제라도 요리를 선택하여 즐길 수 있도록 되어 있는 레스토랑에서 판매할 수 있다.

② 메뉴의 형태

(가) 정찬 메뉴

프랑스 연회 행사에서 커다란 테이블에 많은 고객이 똑같은 음식을 제공받는 데서 유래된 메뉴이다. 매우 호화스럽고 고급스러운 저녁 만찬을 의미한다.

요리를 담는 접시도 특별한 고급 접시를 이용하기도 하고, 고객들도 그들의 품위를 지키는 것이 매너이다. 전통적인 정찬 메뉴의 구성은 와인ㆍ차가운 전채, 수프, 뜨거운 전채, 생선, 셔벗, 주요리, 뜨거운 앙트레, 차가운 앙트레, 샐러드, 야채, 디저트, 단과자, 브랜디 등으로 구성되어 있다.

(나) 주문식 메뉴

모든 요리와 음료의 가격이 정해져 있고 고객은 자신이 원하는 품목만 개별적으로 주문하여 먹을 수 있는 요리이다.

(다) 변형 주문식 메뉴

요리 중 몇 가지는 가격과 관계없이 선택할 수 있지만, 다른 몇 가지는 개별적으로 선택하여 먹을 수 있는 것을 말한다.

쉽게 설명하자면, 요리 코스의 몇 부분을 묶어서 가격을 정한 것을 의미한다. 최근 이 메뉴를 조금 더 변형하여 전채와 디저트, 샐러드는 뷔페 형식으로 갖추고 주요리만을 고객의 취향에 따라 주문할 수 있는 메뉴가 이에 해당한다.

③ 메뉴 구성

메뉴 구성 전 다양한 메뉴 종류를 학습하여 식사 내용, 식사 시간 및 관습, 기간 및 상황, 한정적 구성 메뉴, 메뉴 순환 등 유의사항을 유념하여 구성할 수 있어야 한다.

- 식사내용: 정식, 일품식, 뷔페, 카페테리아, 연회
- 식사시간: 조식, 브런치, 점심, 티타임, 저녁, 만찬
- 기간 및 상황: 특별 주문, 특수한 재료, 기념일 등
- 메뉴 순환: 고정 메뉴, 마켓 메뉴, 사이클 메뉴, 버벌 메뉴(Verbal menu)

④ 메뉴의 경제성

메뉴를 구성하기 전에 적절한 재고 유지 및 원가ㆍ경제성을 유의하여야 한다.

부족한 발주는 제때 음식을 만들 수 없게 만들어 기회손실과 고객 감소의 요인이 되며, 반대로 과한 발주는 제품의 유효기간 및 신선도 하락으로 폐기 비용이 증가하고 경제성이 상실된다.

식단 구성 후 식재료 발주는 먼저 전 4주간의 주별, 요일별 판매 동향을 파악한다.

이 판매 동향을 기초로 판매량이 강세인 요일은 공격적으로 발주하고, 약세인 요일은 발주량을 적절하게 조절하는 것이 중요하다.

상품의 판매량은 기후에 민감하기도 하다. 따라서 메뉴를 구성할 때 매일·단기·장기 일기 예보를 파악해 메뉴를 구성하는 것이 좋다. 특히 계절 메뉴 '냉면, 설렁탕, 빙수' 같은 전문점의 경우 날씨에 더욱 민감하다.

끝으로 지역 행사의 정보에 밝아야 한다. 특히 학원가 상권에서는 입학식·졸업식은 기본이고, 상권의 특성을 파악하여 특색 메뉴를 구성하는 것도 좋다.

- 식재료 발주는 4주간 동향 파악
- 기후 변화 감지
- 지역 행사 정보 감지

(2) 영양소 및 칼로리

① 영양소 및 칼로리

고객의 영양 필요량은 한국인 영양 섭취 기준을 기준으로 하여 산출하는 것이 좋다.

식단 작성 시 특정 영양소의 함량이 과잉되거나 부족하지 않도록 계획한다.

㈎ 영양소

탄수화물은 우리나라 사람들의 대표적인 열량원으로, 비교적 저렴한 가격에 쉽게 먹을 수 있는 식품에 많이 존재한다. 에너지 적정 비율을 고려하여 성인의 경우 55~70% 정도 공급하는 것이 좋다.

단백질의 경우 일반적으로 섭취하는 양이 권장량을 크게 웃돌고, 권장량 이상 초과하더라도 영양상의 문제가 특별하게 없으나, 소화 흡수효율을 고려하여 하루 필요량 중 1/3 이상을 동물 단백질로 구성하는 것이 좋다.

지방은 총열량의 20% 내외로 구성하고, 지방 섭취의 균형을 위하여 다중불포화지방산,

단일불포화지방산, 포화지방산의 비율과 n-6, n-3 지방산의 비율도 고려하여야 한다.

마지막으로 영양 있는 식단 구성을 위하여 여러 가지 비타민과 무기질 등 미량 영양소의 원활한 공급을 위한 조리 방법도 고려하는 것이 좋다.

① 영양소 계산

20대 성인 남자의 열량 권장량은 2,500kcal이다.

열량에 따른 식품 교환표의 단위에 따라 계산하면 당질 366g, 단백질 108g, 지방 83g, 단백질 75g으로 나타난다. 일반인의 식품 구성비는 열량 비율이 당질 65 : 단백질 15 : 지방 20으로 권장하고 있다.

이 비율에 따른 열량 영양소의 각 열량과 중량을 계산하면 다음과 같다.

- 당질: $2,500kcal \times \dfrac{65}{100}$ = 1,625kcal = 1,625kcal ÷ 4 = 406g
- 단백질: $2,500kcal \times \dfrac{15}{100}$ = 375kcal = 375kcal ÷ 4 = 94g
- 지방: $2,500kcal \times \dfrac{20}{100}$ = 500kcal = 500kcal ÷ 9 = 55g

② 칼로리 계산

1일 섭취량은 개인마다 다르므로 체중 × 22 = 하루에 소비하는 안정시대사율로 계산하는 것이 좋다.

물론 아무 일도 하지 않고 하루 종일 누워 숨만 쉬는 사람은 없으므로 하루에 얼마나 활동하는가에 따라 안정시대사율에 대한 숫자는 4가지로 나뉠 수 있다.

거의 앉아서 활동하는 사람은 1.3, 어느 정도 활동적인 사람은 1.4, 상당이 활동적인 사람은 1.5, 매우 활동적인 사람은 1.7을 곱한다.

자신이 어느 쪽에 속하는지 모른다면 간단하게 직업군으로 설명할 수 있다.

1.3은 사무직, 1.4는 가정주부 혹은 가게 점원, 1.5는 우체부, 1.7은 건설업, 헬스클럽 트레이너, 여행가이드로 나뉠 수 있다.

⇒ 체중 × 22 × 안정시대사율 = 개인 칼로리

예) 60kg × 22 × 1.4 = 1,848kcal

우리가 일상 생활에서 칼로리(kcal)라는 말을 많이 접하는 것은 음식의 열량 단위를 칼로리로 측정하기 때문인데, 영양학에서는 생리적 열량의 단위로서 칼로리를 사용한다.

공산품 식품에 표기된 영양 정보에 쓰이는 단위 역시 일반적으로 cal나 kcal이며, 한국에서는 일반적이지 않으나 kJ 병기를 하는 나라도 있다.

생리적 열량을 계산할 때는 보통 간단한 계산을 위해 '애트워터 계수(Atwater's coefficient)'를 사용하며, 단백질과 탄수화물이 1그램당 4kcal, 지방이 1 그램당 9kcal, 알콜이 7kcal의 열량을 가지는 것으로 계산한다.

4. 구매 관리하기

1) 구매 관리

(1) 구매 관리하기

"조리는 구매에서부터 시작된다"라고 할 정도로 구매는 조리의 첫 단계이며, 요리의 3대 요소 중 하나인 재료 부분을 충족시키기 위한 활동이다.

구매는 조리와 관련된 제반 물품을 공급하는 모든 행위로서 적절한 시기, 장소, 적합한 가격, 적정량, 요구되는 질을 모두 충족하여야 한다.

① 식재료 형식적 구매 방법

(가) 공개시장 구매

재료를 저렴한 가격으로 구매한다는 것은 판매자의 이익을 증대시키는 중요 요인이다.

원칙적으로는 일반 경쟁 계약에 따라 구매하는 것이 가장 합리적이라 할 수 있으나, 공개시장 구매는 보통 전화 구매 방식을 통해 구매 명세서를 보고 필요한 것을 구매하는 방법으로, 구매자는 납품업자에게 전화를 해서 필요한 양만큼 발주한다.

(나) 비밀 입찰 구매

정부기관 중 일부 공공기관은 비밀 입찰에 따라 구매하게 되어 있는 것을 종종 볼 수 있다. 필요한 상품 목록을 입찰 신청서와 함께 업자에게 발송하면 업자들은 입찰 신청서에 가격을 기재해서 봉함 우편으로 다시 발송하면 최저 가격 입찰자에게 낙찰된다.

외식업체에서는 많이 사용하지 않는 방법이다.

(다) 계약 구매

매일 혹은 매주 배송해야 하는 식료품은 보통 특정한 기간을 정하지 않고 공식적인 계약에 따라 구매한다.

능력 있는 업자와 계약을 체결 또는 출입업자로 선정하면 제품의 품질은 보장할 수 있다. 따라서 계약 구매는 사업자 선정이 가장 중요하다.

② 식재료 수량적 구매 방법

(가) 대량 구매 방법

동일 식품을 대량으로 구입하는 방식 중 한 가지로 쌀, 조미료 등을 주로 이용한다.

장점으로는 가격이나 수량 면에서 할인받을 수 있어 구매 비용을 절약할 수 있으나, 재고량이 많아 보관 비용이 발생할 수 있다.

(나) 상용 구매 방법

판매 실적에 따라 수차례에 걸쳐 필요한 수량을 구매하는 것으로, 신축성 있는 구매가 장점이다. 그러나 필요한 시기에 품절되어 원하는 식품을 구할 수 없는 경우가 발생할 수 있다. 신선도를 유지해야 하는 어패류, 육류 등이 이에 해당한다.

(다) 공동 구매 방법

여러 구매자가 공동으로 구입하는 것으로, 소규모 급식소나 동종 업체의 개인 사업자들이 모여 공동으로 구매하는 방법을 말한다.

㈜ 집중 구매 방법

본부에서 일괄적으로 구매하는 것으로, 대량 구매의 장점을 얻을 수 있어 비용을 절약할 수 있다.

구매 방법은 누가, 어떠한 절차에 의해, 어떠한 방법으로 구매하는가를 중점으로 구매방침을 세운 뒤 구매 담당자를 선별 후 계약 방식을 정해야 한다.

③ 식재료의 구매 관리 과정

식재료의 구매는 정기적이고 체계적인 계획 및 시장 조사에 따라 적합한 식자재를 합리적인 가격에 구매하는 것이 중요하다.

합리적인 구매를 하기 위해서는 물품에 대한 품질·규격·무게·수량·기타 질적 특성을 간단하게 기록한 표준 구매 명세서를 작성해야 한다. 이는 구매의 일관성 및 검수 절차의 간소화, 음식의 질적 관리, 식자재 재고관리를 위해 꼭 필요하다.

구매 담당자는 신속하게 많은 정보를 입수하여 현장 관리자로 하여금 효율적으로 저장, 관리하여 원가 상승 요인을 사전에 차단하는 것이 중요하다.

식재료 구매 관리는 다음과 같이 진행할 수 있다.

[식재료 구매 관리 진행]

1단계	메뉴 계획	구매의 필요성 인식
2단계	표준 목표량 설정	품목 내용 파악
3단계	표준 구매 명세서 작성	품목 내용 작성
4단계	시장조사	물량, 가격, 품질, 규격, 성수기 등 조사
5단계	공급처 선정 및 확보	공급처 실태 조사
6단계	구매 가격 결정	가격, 품질, 서비스 수준 고려
7단계	계약 및 발주	계약 방식 선택 및 납품 거래 확인
8단계	검수	납품서와 주문 내용, 인수 물품 사실 확인 후 적합 여부 판정
9단계	저장	냉장, 냉동, 상온 보관 구분 저장 1일 구매 식자재는 해당 주방에서 저장·사용
10단계	기록 및 보관	물품 인수증, 구매 요구서, 반품증 정리 및 기록

(2) 식재료 특성과 품목

우리가 주로 사용하는 식재료 품목은 크게 7가지로 나눌 수 있다.

① 유지류

버터, 우유, 달걀, 치즈가 유지류에 포함된다. 이때 버터는 발효 버터와 생버터 등 두 가지로 나뉘게 되며, 그 외에 마가린, 라드, 쇼트닝, 땅콩버터가 가공 유지류에 포함된다.

② 오일과 지방

우리가 사용하는 식용 유지 중 실온에서 고체 상태인 것은 지방, 액체 상태인 것은 오일이라 말한다. 쉽게 설명하면 식물성 유지는 오일, 동물성 유지는 지방이다.

③ 곡류

곡류는 크게 5종류로 나눌 수 있다.

완두콩 · 강낭콩 · 팥 · 녹두 · 렌틸콩 · 땅콩과 같은 두류, 옥수수 · 조 · 메밀 · 율무와 같은 잡곡류, 밀가루 · 호밀 · 보리 · 귀리와 같은 맥류, 쌀 · 찹쌀 · 흑미와 같은 미곡류, 마지막으로 감자 · 고구마 · 야콘과 같은 서류가 포함된다.

④ 채소류

우리나라 식탁에 빠질 수 없는 채소류는 크게 6종류로 나눌 수 있다.

(가) 잎채소

양상추 · 배추상추 · 시금치 · 양배추 · 로메인 · 콜라드 · 청경채 · 꽃케일 · 치커리 · 롤라로사 · 포도잎 · 방울양배추 · 민들레 · 수영 · 시금치 등

(나) 줄기채소

카르둔 · 근대 · 아스파라거스 · 셀러리 · 휀넬 · 콜라비 · 양파 · 마늘 · 죽순 · 대파 · 회향 · 고비 · 대황 · 순무양배추 등

(다) 꽃채소

브로콜리 · 꽃양배추 · 가이론 · 아티초크 · 브로콜리 라베 · 오이꽃 · 가지꽃 ·

유채꽃 등

 ㈜ **열매채소**
 토마토 · 땅꽈리 · 올리브 · 파프리카 · 동과 · 단호박 · 차요테 · 납작호박 · 주
니키 · 오이 · 가지 · 오쿠라 · 완두 · 강낭콩 · 참외 · 고추 등

 ㈜ **뿌리채소**
 겨자무 · 검정무 · 당근 · 래디시 · 파스닙 · 순무 · 호무 · 무 · 비트 · 도라지 ·
더덕 · 우엉 · 연근 등

 ㈜ **버섯류**
 양송이 · 표고 · 송이 · 개암 · 느타리 · 영지 · 능이 · 팽이 · 새송이 · 목이 · 싸
리 · 동충하초 · 상황 · 맥각 · 흰무당버섯 등

⑤ **과일류**

 ㈎ **인과류(仁果類)**
 사과 · 배 · 모과 · 비파 등

 ㈏ **준 인과류(準仁果類)**
 오렌지 · 자몽 · 레몬 · 라임 · 귤 · 유자 등

 ㈐ **장과류**
 붉은송이산앵두 · 포도 · 석류 · 감 · 무화과 · 구스베리 · 블루베리 · 빌베리 ·
레드워틀베리 · 꽈리 · 라즈베리 · 딸기 · 블랙베리 등

 ㈑ **견과류**
 밤 · 잣 · 아몬드 · 호두 · 은행 · 치스타치오 · 캐슈너트 · 해바라기씨 · 헤이즐
넛 등

 ㈒ **핵과류**
 자두 · 천도복숭아 · 복숭아 · 살구 · 체리 · 대추야자 등

 ㈓ **과채류(열매채소류)**
 수박 · 멜론 · 딸기 · 참외 · 토마토 등

(사) 열대과일류

파인애플 · 파파야 · 바나나 · 망고 · 아보카도 · 코코넛 · 망고스틴 · 리치 · 구아바 · 람부탄 · 용안 · 로즈애플 · 드래곤 프루츠 · 잭 프루츠 · 포멜로 등

⑥ 육류

식용으로 사용하는 육류는 가금류, 소고기, 송아지고기, 돼지고기, 염소고기, 양고기로 나뉘며, 이 밖에 야생동물로는 토끼, 사슴, 노루 등이 있다

가금류는 닭 · 오리 · 칠면조와 같이 판매하기 위해 기르는 사육가금류를 의미한다.

⑦ 어패류

어패류는 크게 해수어와 갑각류 그리고 패류 3가지로 나뉠 수 있다.

해수어는 바다에 살고 있는 어류의 총칭으로, 광어 · 농어 · 도미 · 송어 · 대구 · 삼치 · 조기 · 방어 · 민어 등이 있다. 해수어는 신선도가 매우 중요하다.

바닷가재 · 게 · 랑구스틴 · 새우 · 꽃새우 · 갯가재는 갑각류, 굴 · 홍합 · 대합 · 관자는 패류에 속한다.

(3) 검수 관리

식재료 검수는 주문한 가격, 품질, 수량, 규격 등이 일치하는 가에 대하여 발주서와 비교하는 방법을 말한다.

① 검수 관리 과정

- 구매 주문서, 계약서에 따라 배달된 식재료의 수량, 원산지, 가격 등을 점검한다.
- 표준 구매서를 근거로 주문 물품의 수량, 규격, 품질, 이상 여부를 검수하며, 이때 불일치 또는 이상이 발견되었을 때 반품 혹은 크레디트 메모를 작성한다.
- 검수 요원은 검수를 거쳐 인수한 식재료에 대한 1일 검수 보고서를 작성한다.
- 검수가 끝난 식재료는 신선도를 유지하기 위하여 선입선출을 기본으로 즉시 적당한 위치로 신속하게 옮긴다.

- 주문서에 있는 품목이 지정 날짜에 배달되지 않으면 구매자나 혹은 담당자에게 즉시 통보하여 불이익이 발생하지 않도록 진행한다.

② 검수 관리 방법

(가) 송장 검수 방법

가장 많이 사용하는 검수 방법이다. 송장은 품목의 수량, 가격과 기타 사항들을 기록하고 있는 문서를 말한다. 배달된 식자재와 함께 보내며 검수원은 함께 배달된 송장을 보고 배달된 품목들의 수량, 품질 및 특성, 원산지, 가격 등을 대조하며, 검수원은 구매 명세서와 송장을 대비하여 더욱 확실히 검수사항을 확인할 수 있게 된다.

(나) 표준 순위 검수 방법

송장 검수 방법과 거의 흡사하며, 검수 절차가 송장 검수 방법에 비해 수월하다. 송장 대신 배달 티켓이 주문한 물품과 함께 도착하며, 이 검수 방법은 주로 동일한 물품을 고정적으로 같은 납품업체로부터 공급받을 때 주로 사용된다.

(다) 우편배달 검수 방법

주문한 물품이 우편 또는 항공화물로 배달된 경우 화물표가 송장 역할을 대신하는 방법을 말한다.

(라) 무표식 검수 방법

말 그대로 무표식 검수 방법은 제품과 함께 도착한 송장에는 물품의 제품명 외에는 다른 정보가 기재되지 않으며, 별도로 제품의 이름과 가격, 품질, 특징, 기타 사항이 담긴 정식 송장이 제품과 별도로 도착한다.

③ 식재료 보관

식재료는 반드시 선입선출(先入先出)을 원칙으로 한다. 선입선출이란 먼저 입고된 식재료를 먼저 사용하는 것으로, 식재료를 낭비 없이 항상 신선한 식재료를 사용하는 방법을 말한다. 온장고는 65℃ 이상, 중탕기는 90℃, 냉장고는 0~5℃ 마지막으로 냉동고는 −18℃ 이하로 조절하여 사용한다. 식재료가 업장에 도착하였을 때 올바른 배송 정리 방법은 다음과 같다.

[식재료 정리 방법]

1	실온에서 장시간 방치하지 않는다.
2	식재료를 함부로 다루지 않는다.
3	박스 · 쓰레기는 즉시 정리하여 식자재와 섞이지 않도록 주의한다.
4	바닥에서 15cm 이상의 높이에 식재료를 보관하여 교차오염의 발생을 줄인다.

5. 식재료 관리하기

1) 식재료 관리

(1) 식재료 선별 · 보관

저장 관리의 의의는 저장 과정에서 도난과 변질로 인하여 발생하는 갖가지 형태의 낭비 및 손실을 최대한 줄이고 재고의 원활한 회전을 돕기 위해서이다. 현대의 식품 저장 방법으로는 진공포장 · 냉장 · 냉동 · 통조림 · 냉동건조 · 염장 · 절임 등이 있다.

① 식재료 선별 · 보관 방법

(가) 유지류 선별 · 보관 방법

버터는 지방질이 많은 식품이므로 장기간 방치하면 지방이 산화되어 산패를 일으킨다.

냉장 보관하지 않을 경우 곰팡이가 증식하거나 녹아서 버터 특유의 풍미가 사라지기때문에 −5℃∼ 0℃의 저온에서 직사광선을 피해 보관해야 한다.

가공되지 않거나 살균된 우유는 사용 전 2∼3분간 천천히 거품이 일 때까지 끓여 사용하는 것이 좋다.

(나) 달걀의 선별 · 보관 방법

달걀은 조리에 사용될 때까지 물리적, 화학적 반응을 억제하고 미생물에 의한 부패를 방지하는 것이 가장 중요하다. 보관 방법으로는 냉장법, 액체 냉장법, 마지막으로 건조법이 있다. 달걀 껍데기는 단단하고 작은 모공이 많은 것이 좋으며, 오염되고 금이 간 달걀은 조리에 사용하지 않는다.

㈐ 쇠고기 선별 · 보관 방법

소의 품종, 사육 방법, 성숙 기간, 부위에 따라 풍미가 달라진다.

쇠고기의 빛깔은 윤기가 나는 선홍색이 좋으며, 마블링, 탄력, 산출액, 향기를 표준 지침으로 평가한다. 고기의 지방은 우윳빛을 띄며, 끈기가 있고 소 특유의 향기가 나는 것이 좋다. 쇠고기는 일정 기간 냉장고에서 숙성한 것이 육질이 좋으며, 숙성 기간은 2℃ 정도의 냉장고 안에서 1~2주 정도 보관한 뒤 사용하는 것이 좋다.

㈑ 돼지고기 선별 · 보관 방법

돼지고기의 색은 소고기와 다르게 회색이 가미된 선홍색, 기름은 백색이 좋다.

돼지고기는 소고기보다 수분 함량이 높아 숙성 시간이 오래 걸리지 않는 반면, 백색근섬유의 비율이 높아 쉽게 상할 수 있다.

돼지고기를 썰어서 오래 두면 육즙이 빠져나와 맛이 없어지고, 공기와 만나 산화 현상이 일어나 육색이 갈색으로 변하면서 신선도가 떨어지므로 돼지고기를 저장할 때는 고기를 랩으로 단단하게 싸서 보관하면 변질의 우려가 적어진다.

㈒ 가금류 선별 · 보관 방법

가금류란 닭 · 오리 · 칠면조와 같이 판매하기 위하여 기르는 사육 가금의 종류를 의미한다. 크게 흰색 고기를 가진 가금류와 붉은색 고기를 가지고 있는 가금류로 나눌 수 있다. 조리되지 않은 가금류는 매우 상하기 쉽고 살모넬라균에 오염되기 쉬우므로 신선한 가금류는 1~−2℃에서 보관하여야 한다.

냉장 온도에서도 저장 기간이 짧은 편이며, 방사선 처리에 의해 유통기간을 향상시킬 수 있다. 냉동된 가금류는 냉장고에서 서서히 해동하며, 완전 해동 후 조리해야 한다.

㈓ 어패류 선별 · 보관 방법

채소류는 빛깔, 광택, 싱싱한 정도로 보아 쉽게 판정할 수 있지만, 어패류의 신선도는 판정하기 어려우므로 상당히 숙련되어야 한다.

생선은 사후경직을 일으켜 단단하고 아가미의 색상이 담적색 또는 암적색이 좋다.

어패류는 불포화지방산의 함량이 높아 쉽게 산패하며, 조직이 연해 세균에 오염되기 쉽다. 따라서 유통과정에서 각별한 주의가 필요하며, 입고 후 즉시 냉장 또는 냉동 보관하는 것이 중요하다.

(사) 과일 · 야채 선별 및 보관 방법

과일, 채소류는 육류나 어패류와는 달리 수확 후에도 호흡, 생장, 후숙, 증산 작용 등의 생리작용을 계속하므로 쉽게 품질이 저하된다. 또한, 채소는 수분 함량이 90~95%로 매우 높아 생리작용이 왕성하고, 조직이 부드러워 상처를 받기 쉬우므로 미생물에 의해 더욱 쉽게 변패된다. 따라서 과일, 채소류를 보관할 때는 정상적 호흡과 대사활동을 가능한 한 억제하는 것이 좋다. 최적의 보관 방법은 3~4℃ 온도로 유지시켜 호흡작용을 억제하고 수분의 증발이나 향기 성분의 손실도 억제하는 방법이다.

그러나 모든 과일 · 채소를 저온 저장하는 것이 좋은 것은 아니다. 오이나 양파처럼 비교적 높은 온도에서 저장하지 않으면 안 되는 것도 있다. 과일, 채소류의 저장성은 저장 온도와 환경에 따라 크게 영향을 받으니 저장하기 전에 저장 방법을 다시 한 번 확인하는 것이 가장 좋다.

(2) 저장 관리 방법

① 냉장 · 냉동 방법

식품을 저온 상태로 저장하여 미생물의 증식을 억제하는 방법이다. 그러나 저온 상태로 저장한다고 하여 미생물이 완전히 억제되는 것은 아니므로 적정 기간 내에 사용하는 것이좋다.

▲ 숙성 저온 냉장고

▲ 냉 테이블

▲ 룸형 냉장고

(가) 저온 저장

냉장이란 식품을 0℃ 이상 동결되지 않을 정도의 온도에서 식품을 저장·보관하는 것을 말한다. 냉장은 단기 저장을 목적으로 저장하기 때문에 시간이 오래 경과하면 저장된 식품이 변질될 수 있으므로 세밀한 저장 계획(저장 날짜와 만든 사람, 유통기간)을 만들어 보관하는 것이 좋다.

① 냉장고

식재료 또는 완성된 요리를 저온에서 보관하기 위한 공간이다.

사람이 직접 들어가 물건을 적재할 수 있는 룸형과 일반적인 냉장고 형태를 갖춘 박스형으로 구분한다.

② 냉 테이블

냉동·냉장고를 조리대와 작업대로 동시에 사용할 수 있도록 만든 제품이다.

③ 냉동고

평균 온도 −18℃를 유지하고 있는 외식업체에서 꼭 필요로 하는 대형 조리 기계이다. 거의 모든 박스형 냉장고에 어느 정도 냉동 공간을 보유하고 있지만, 룸형 냉장고는 냉동실을 개별적으로 만들거나 냉장고를 통하여 냉동실을 들어갈 수 있도록 설계하는 경우가 많다.

룸형 냉동고는 규모가 매우 커서 사고를 예방하기 위하여 방안에서도 문을 열 수 있는 장비가 반드시 부착되어 있어야 한다.

④ 급속 냉각기

일반 냉동고와 다르게 낮은 온도로 빠른 시간에 얼리도록 하는 기계로, −40℃까지 냉동이 가능한 대형 조리 기계이다. 음식을 신속하게 냉각시켜 주어 음식이 식는 과정에서 박테리아의 급속한 성장이 가능한 온도에 머무르는 시간을 최대한 단축하게 해주는 장점이 있다.

(나) 냉동 저장

냉동 저장은 식재료의 영양가나 맛, 조직, 색 등 재료의 파괴를 최소화하고 저온 저장보다 오랜 시간을 저장할 수 있는 것이 특징이다.

냉동의 형태는 일반 냉동과 급속 냉동으로 구분한다. 일반 냉동은 −1∼20℃

로 이 온도에서는 냉동된 상태라 할지라도 미세하게 세균의 증식이 진행되므로 장기간 저장하는 것은 피해야 한다. 하지만 급속 냉동은 −40℃ 이하로 급격하게 냉동시킨 뒤 그 상태를 유지하므로 비교적 장기간 보존해도 식품의 상태를 일반 냉동보다 양호하게 제품을 보존할 수 있다.

② 창고 저장 방법

창고 저장은 일반 식품보다는 가공이 완료되거나 반 가공 혹은 제품의 일부 가공된 식품을 그 보존 기간 내에 최대의 품질을 유지하기 위하여 최적의 상태로 보관하는 방법이다.

주로 건조 식품이나 통조림 식품을 보관하는 데 사용한다.

6. 기초 기능 익히기

1) 기초 기능 익히기

(1) 양식 기초 용어

① 양식 기본 썰기 및 용어

재료를 써는 방법에는 밀어 썰기, 당겨 썰기, 내려 썰기 등이 있다. 이외에도 다양한 방법이 있다.

형태를 자유로이 변형할 수 있는 야채의 특징, 향, 색상, 질감의 특색을 이용하여 다른 요리에 첨가함으로써 요리의 품격을 한층 더 높일 수 있다. 특히 서양 요리에는 다양한 재료의 손질 방법이 있으니 이를 기초 지식으로 레시피를 해독하다면 훨씬 더 완성도 있는 요리를 할 수 있다.

㈎ 다양한 썰기 용어

- 쥘리엔느(Julienne): 0.3×0.3×5cm크기의 형태로 가늘게 써는 방법
- 파인 쥘리엔느(Fine Julienne): 0.15×0.15×5cm크기의 형태로 가늘게 써는 방법
- 알뤼메트 또는 미디엄쥘리엔느(Allumette or Medium Julienne) : 0.3×

0.3×6cm정도크기로 가늘고 길게 써는 방법(성냥개비모양)

- 바토네 또는 라지 쥘리엔느(Batonnet or Large Julienne): 0.6×0.6× 6cm 정도 크기의 막대기 형태로 길게 써는 방법
- 브뤼누아즈(Brunoise): 0.3×0.3×0.3cm 정도 크기의 주사위 모양 형태로 써는방법
- 파인 브뤼누아즈(Fine Brunoise): 0.15×0.15×0.15cm정도 크기의 주사위 모양 형태로 써는방법
- 다이스(Dice): 1×1×1cm 정도 크기의 주사위 형태로 써는 방법
- 스몰다이스(Small Dice): 0.5×0.5×0.5cm 정도 크기의 주사위 형태로 써는 방법
- 미디엄 다이스(Medium Dice): 1.2×1.2×1.2cm 정도 크기의 주사위 형태로 써는 방법
- 라지 다이스 또는 큐브(Large Dice or Cube): 2×2×2cm 정도 크기의 주사위 형태로 써는 방법

(2) 양식 조리 기구·도구

기계 부분을 가지고 있는 것을 조리 기계, 그렇지 않은 것을 조리 기구라고 일컫는다.

조리에 필요한 기구·기계의 올바른 용도와 종류를 파악하여 사용하면 안전 사고의 위험을 줄일 수 있다. 마지막으로 조리 도구 중 소도구는 칼로 할 수 없는 부분, 기계를 사용하기에는 너무 범위가 작은 조리 작업에 위험을 줄이고 작업 효율을 높이기 위하여 사용하는 조리 도구로, 요리를 하나의 나무라 할 때 하나 하나의 나뭇잎 역할을 하는 것이 바로 소도구의 쓰임새이다.

▲ 양식 조리 기구

① 대형 조리 기구

대형 조리 기기는 많은 공간이 필요하므로 장소의 제한을 받는다. 일반적으로 열 공급원이 가스·전기·증기의 힘으로 조리하거나 재가열 또는 냉각하는 형식이다.

㈎ 스토브(Stove top)

우리나라에서는 스토브를 흔히 버너(burner)로 부르고 있으나, 외국 용어 도입 과정에서 잘못 정해진 용어이다. 스토브는 주로 서양 조리에 있어 화력의 기본 조리 기계로, 열 공급원은 주로 가스가 일반적이지만 때에 따라 전기를 사용하기도 한다.

㈏ 철판 조리기(Griddles)

스토브가 다른 조리 기구를 그 위에 얹어 조리한다면, 철판 조리기는 재료를 직접 철판에 올려 조리하는 기구이다.

㈐ 오븐(Ovens)

기계 안쪽에 공간을 확보해서 간접적으로 열을 공급하여 뜨거운 열이 주위를 감싸면서 조리가 되는 방식이다. 사용할 때 주의할 점은, 첫째, 오븐을 미리 구울 음식의 최적 온도로 예열한 후에 음식을 넣고 구울 것, 둘째 음식을 넣은 후에는 오븐 문은 음식이 다 익을 때까지 열지 말 것, 셋째, 열의 대류가 빨라지도록 오븐의 배기 구멍은 항상 열어 놓음으로써 신속히 구워지도록 해야 한다.

㈑ 컨벡션 오븐(convection oven)

내부에 팬이 부착되어 있어 공기의 대류로 전체적으로 고른 열을 받으므로 제품의 모든 면에 고르게 색을 낼 수 있다. 스팀 분사가 가능한 장치가 설치되어 있는 게 오븐과의 차이점이다.

㈒ 대형 튀김기(Deep fryers)

한꺼번에 많은 양의 튀김을 할 수 있도록 고안된 튀김 전용 대형 기구이다.

㈓ 식기 세척기(Dish washers)

일정한 규격의 박스에 접시나 기물을 담아 넣으면 세척과 소독을 해주는 대형 기구이다.

(사) 커팅 보드 살균기(Cutting board sterilizer)

주방에서 사용하는 도마를 위생적으로 사용할 수 있게 소독해 주는 기구이다.

② 조리 도구

음식을 익히는 데 주로 사용하는 도구로, 특히 오븐이나 스토브에서 주로 사용된다.

(가) 쿠퍼 프라이팬(Cooper frying pan)

동으로 만든 프라이팬이다. 채소, 생선, 고기 등을 볶거나 튀길 때 주로 사용하며, 동으로 만들어 열전도율이 높아서 화상에 유의하여 사용한다.

(나) 아이언 프라이팬(Iron frying pan)

강철로 만든 프라이팬으로, 음식물을 볶거나 튀길 때 사용한다. 무게가 있으므로 팬을 옮기거나 사용할 때 무게와 화상에 주의하여 사용한다.

(다) 압력솥

밀폐 뚜껑이 있는 솥으로, 가압, 증기로 음식을 빨리 익히는 장점이 있다. 뚜껑을 여닫을 때 압력을 사용하므로 여닫음에 주의하여 사용한다.

(라) 쿠스쿠스 냄비

아랫부분에서 음식물을 뭉근히 끓이면서 올라가는 증기로 위쪽 부분의 세몰리나(semolina)에 풍미를 내는 이중 용기이다.

(마) 점토 냄비

공기가 통하는 점토 소재의 냄비로, 두 개의 냄비가 딱 맞게 겹쳐지며, 음식을 푹 삶을 때 주로 사용한다.

(바) 할로우 그라운드 에지(Hollow ground edge)

칼날의 양쪽으로 공기가 통할 수 있어 달라붙기 쉬운 햄이나 치즈 혹은 페이스트리나 비스킷 등을 재료의 손상 없이 효과적으로 자를 수 있다(염진철, 2013).

③ 조리 소도구

(가) 콜랜더(Colander)

음식물의 물기를 제거할 때 사용하며, 주로 샐러드 야채 수분 제거에 많이 사용한다.

(나) 그릴(Grill)

석쇠라고 주로 알고 있으며, 주로 적은 양의 생선이나 육류를 구울 때 많이 사용한다.

(다) 그레이터(Grater)

치즈나 레몬껍질, 채소 등을 갈아 사용할 때 주로 사용하는 강판과 비슷하다. 칼날의 종류가 다양하며, 날이 매우 날카로워서 작업 시 부상에 유의하여 사용한다.

(라) 제스터(Zester)

굴·레몬·오렌지·라임 등의 껍질을 벗겨 껍질을 요리 재료에 사용할 때 사용한다.

도구 끝 부분이 쇠로 되어 있으며, 작은 구멍이 나 있는 것이 특징이다.

(마) 스쿠프(Scoop)

여러 가지 크기가 있으며 감자나 당근, 무 또는 멜론·수박 등 채소나 과일의 살을 동그란 원형 모양으로 파내는 도구이다.

(바) 스패튤라(Spatula)

스트레이트 스패튤라 또는 팔레트나이프(Palette knife)라고도 하며, 22cm의 길고 유연한 팔레트 종류이다. 스테인리스 스틸로 되어 있고 한쪽 끝이 둥근 것이 특징이다. 다른 한쪽은 금속 테에 의해 손잡이에 고정되어 있다. 매우 유연하므로 망가지기 쉬운 요리를 옮길 때 사용하거나, 케이크에 크림을 바를 때 주로 이용한다.

(사) 고무 주걱(Rubber spatula)

기구에 붙어 있는 고운 재료를 분리하거나 모을 때 사용한다. 재료를 긁어 모으기 편리하도록 고무로 제작되어 있다.

(3) 양식 향신료 · 조미료

향신료가 요리에 미치는 영향은 대단하다. 특히 서양 요리에 있어 향신료 사용은 요리의 맛을 좌우하는 중요한 요소이므로 올바르게 사용하는 것이 중요하다.

▲ 정향(Clove)

▲ 월계수

▲ 팔각(Star Anise)

① 향신료 사용 방법

향신료는 그 종류가 매우 다양할 뿐만 아니라 가공 방법도 다양하다. 그래서 향신료를 사용할 때는 Fresh, Dry, Seed, Whole, Ground 상태에 따라 다르게 사용해야 한다. 사용하는 순서도 향신료의 특징과 종류에 따라 달리해야 요리의 맛을 최대화할 수 있다.

요리에 사용하는 향신료는 허브(Herb)와 스파이스(Spice)로 구분하여 사용한다. 스파이스는 주로 가공 단계를 거쳐 만들어지므로 향이 요리에 스며드는 시간이 다소 길어서 가루로 만들어지지 않은 스파이스는 조리 초기 단계에 사용하고, 가루로 만들어진 스파이스는 주로 조리의 나중 단계에 사용한다.

허브는 줄기와 같이 장시간 조리에 견딜 수 있는 종류는 요리 초기에 사용하고, 잎과 같이 조직이 부드러운 허브는 조리의 마지막 단계에 사용하는 것이 좋다.

② 향신료 다발과 부케가르니(bouquet garni)

부케가르니란 주로 타임, 파슬리, 셀러리, 월계수 잎 등을 묶어 만든 것으로, 스톡이나 소스, 스튜 등의 향을 내는 데 사용된다. 부케가르니를 만들 때는 작은 것은 안쪽으로 큰 것은 바깥쪽으로 하여 작은 재료들이 밖으로 흘러나오지 않게 만드는 것이 좋다.

향신료 다발을 만들 때 묶을 수 없이 작은 입자를 가진 재료들을 사용할 때는 재료들을 소창이나 천을 사용하여 마치 복주머니처럼 묶어 조리에 사용하는 것이 좋다.

조리 시에는 이 두 가지 모두 풀어지지 않게 단단하게 묶어 주거나, 조리 기구 한쪽에 고정할 수 있다.

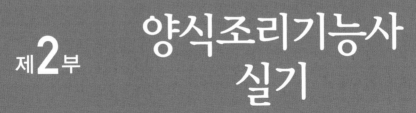

제**2**부

양식조리기능사
실기

30분
시험시간

Shrimp Canape
쉬림프카나페

🍱 지급재료

- 새우(30~40g) 4마리
- 식빵(샌드위치용, 제조일로부터 하루 경과한 것) 1조각
- 달걀 1개 • 파슬리(잎, 줄기 포함) 1줄기 • 버터(무염) 30g
- 토마토케첩 10g • 소금(정제염) 5g • 흰후춧가루 2g
- 레몬[길이(장축)로 등분] 1/8개 • 이쑤시개 1개
- 당근(둥근 모양이 유지되게 등분) 15g • 셀러리 15g
- 양파(중, 150g 정도) 1/8개

🦐 요구사항

※ 주어진 재료를 사용하여 다음과 같이 쉬림프카나페를 만드시오.

❶ 새우는 내장을 제거한 후 미르포아(Mirepoix)를 넣고 삶아서 껍질을 제거하시오.

❷ 달걀은 완숙으로 삶아 사용하시오.

❸ 식빵은 직경 4cm 정도의 원형으로 하고, 쉬림프카나페는 4개 제출하시오.

※ 요구사항에는 명시되지 않았으나 관리요원이나 시험감독관이 달걀 커터기를 사용하지 못하도록 공지할 경우 칼로 자른다.

수험자 유의사항

❶ 만드는 순서에 유의하며, 위생과 숙련된 기능평가를 위하여 조리작업 시 맛을 보지 않습니다.

❷ 지정된 수험자 지참 준비물 이외의 조리기구나 재료를 시험장 내에 지참할 수 없습니다.

❸ 지급재료는 시험 전 확인하여 이상이 있을 경우 시험위원으로부터 조치를 받고 시험 중에는 재료의 교환 및 추가 지급은 하지 않습니다.

❹ 요구사항의 규격은 "정도"의 의미를 포함하며, 지급된 재료의 크기에 따라 가감하여 채점합니다.

❺ 위생복, 위생모, 앞치마를 착용하여야 하며, 시험장비 · 조리도구 취급 등 안전에 유의합니다.

❻ 다음 사항에 대해서는 채점대상에서 제외하니 특히 유의하시기 바랍니다.

　㈎ 기권: 수험자 본인이 시험 도중 시험에 대한 포기 의사를 표현하는 경우

　㈏ 실격
- 가스레인지 화구 2개 이상(2개 포함) 사용한 경우
- 불을 사용하여 만든 조리작품이 작품특성에 벗어나는 정도로 타거나 익지 않은 경우
- 위생복, 위생모, 앞치마를 착용하지 않은 경우
- 시험 중 시설 · 장비(칼, 가스레인지 등) 사용 시 시험위원 및 타 수험자의 시험 진행에 위해를 일으킬 것으로 시험위원 전원이 합의하여 판단한 경우

　㈐ 미완성
- 시험시간 내에 과제 두 가지를 제출하지 못한 경우
- 문제의 요구사항대로 과제의 수량이 만들어지지 않은 경우

　㈑ 오작
- 구이를 조림 등으로 조리하여 완성품을 요구사항과 다르게 만든 경우
- 해당 과제의 지급재료 이외의 재료를 사용하거나 석쇠 등 요구사항의 조리도구를 사용하지 않은 경우

　㈒ 요구사항에 표시된 실격, 미완성, 오작에 해당하는 경우

❼ 항목별 배점은 위생상태 및 안전관리 5점, 조리기술 30점, 작품의 평가 15점입니다.

❽ 시험 시작 전 가벼운 몸풀기(스트레칭) 동작으로 긴장을 풀고 시험을 시작합니다.

만드는 법

❶ 파슬리는 찬물에 담가 잎이 싱싱하게 살아나도록 한다.

❷ 끓는물에 소금을 넣고 달걀을 넣은 다음, 노른자가 중앙에 오도록 굴려가면서 12분 동안 삶아 꺼내어 찬물에 담가 식혀놓는다.

❸ 이쑤시개를 이용하여 새우의 내장을 제거한다.

❹ 새우 삶을 물에 미르포아(양파, 당근, 셀러리)와 레몬,소금을 넣고 끓여 뚜껑을 연 상태로 손질한 새우를 삶아 식힌다.

❺ 식빵은 4등분하여 칼을 이용하여 직경 4cm의 원형으로 준비한 후, 은근히 달구어진 팬에서 앞뒷면을 노릇하게 구워서 식힌다.

❻ 삶은 달걀은 껍질을 제거한 후 달걀 커터기를 이용하여 잘라놓는다.

❼ 물기를 제거한 파슬리는 잎을 잘게 떼어 준비한다.

❽ 삶아서 식힌 새우는 머리와 껍질을 제거하고, 등쪽에 칼집을 넣어 세울 수 있게 모양을 만든다.

❾ 구워놓은 빵 위에 달걀, 새우의 순서로 얹는다.

❿ 토마토케첩으로 새우에 포인트를 주고 파슬리잎 조각으로 장식한다.

🎩 Key Point

- 달걀은 삶을 때 노른자가 가운데 오도록 3분 정도 굴려가며 삶다가 10분간 더 삶아 완숙으로 한다.
- 식빵은 원형으로 모양을 낸 후 구워 식힌다. 구운 후 원형으로 자르면 식빵이 납작해진다.
- 삶은 새우는 완전히 식은 후 껍질을 제거해야 새우살이 껍질에 눌어붙지 않는다.
- 찬물에 싱싱하게 담가뒀던 파슬리는 장식으로 올리기 전 수분을 제거해야 토마토케첩 색이 빵에 흡수되지 않는다.

불합격 원인

- 빵을 구울 때 온도가 너무 높으면 빵이 탈 우려가 있다
- 새우를 너무 오래 익혀 부서짐이 생길 수 있다.
- 제대로 달걀이 익지 않아 달걀이 부서질 위험이 있다.
- 파슬리는 수분을 제거해야 빵에 케첩이 흡수되는 것을 막을 수 있다.

다시 한번 알아보는 유의사항 문제

※ 식빵은 몇 cm로 잘라야 하는지 쓰시오.

※ 미르포아에 들어가는 재료와 비율을 쓰시오.

※ 달걀은 몇 분간 익혀야 하는지 쓰시오.

- 만든 후 참고할 점 및 보완할 점 -

작품사진

(실습 작품 첨부)

30분
시험시간

Spanish Omelet
스패니시오믈렛

지급재료

- 토마토(중, 150g 정도) 1/4개 • 양파(중, 150g 정도) 1/6개
- 청피망(중, 75g 정도) 1/6개 • 양송이(10g) 1개
- 베이컨(길이 25~30cm) 1/2조각 • 토마토케첩 20g
- 검은후춧가루 2g • 소금(정제염) 5g • 달걀 3개
- 식용유 20ml • 버터(무염) 20g • 생크림(조리용) 20ml

요구사항

※ 주어진 재료를 사용하여 다음과 같이 스패니시오믈렛을 만드시오.

❶ 토마토, 양파, 청피망, 양송이, 베이컨은 0.5cm 정도의 크기로 썰어 오믈렛 소를 만드시오.

❷ 소가 흘러나오지 않도록 하시오.

❸ 소를 넣어 나무젓가락과 팬을 이용하여 타원형으로 만드시오.

수험자 유의사항

❶ 만드는 순서에 유의하며, 위생과 숙련된 기능평가를 위하여 조리작업 시 맛을 보지 않습니다.

❷ 지정된 수험자 지참 준비물 이외의 조리기구나 재료를 시험장 내에 지참할 수 없습니다.

❸ 지급재료는 시험 전 확인하여 이상이 있을 경우 시험위원으로부터 조치를 받고 시험 중에는 재료의 교환 및 추가 지급은 하지 않습니다.

❹ 요구사항의 규격은 "정도"의 의미를 포함하며, 지급된 재료의 크기에 따라 가감하여 채점합니다.

❺ 위생복, 위생모, 앞치마를 착용하여야 하며, 시험장비·조리도구 취급 등 안전에 유의합니다.

❻ 다음 사항에 대해서는 채점대상에서 제외하니 특히 유의하시기 바랍니다.

　(가) 기권: 수험자 본인이 시험 도중 시험에 대한 포기 의사를 표현하는 경우

　(나) 실격
- 가스레인지 화구 2개 이상(2개 포함) 사용한 경우
- 불을 사용하여 만든 조리작품이 작품특성에 벗어나는 정도로 타거나 익지 않은 경우
- 위생복, 위생모, 앞치마를 착용하지 않은 경우
- 시험 중 시설·장비(칼, 가스레인지 등) 사용 시 시험위원 및 타 수험자의 시험 진행에 위해를 일으킬 것으로 시험위원 전원이 합의하여 판단한 경우

　(다) 미완성
- 시험시간 내에 과제 두 가지를 제출하지 못한 경우
- 문제의 요구사항대로 과제의 수량이 만들어지지 않은 경우

　(라) 오작
- 구이를 조림 등으로 조리하여 완성품을 요구사항과 다르게 만든 경우
- 해당 과제의 지급재료 이외의 재료를 사용하거나 석쇠 등 요구사항의 조리도구를 사용하지 않은 경우

　(마) 요구사항에 표시된 실격, 미완성, 오작에 해당하는 경우

❼ 항목별 배점은 위생상태 및 안전관리 5점, 조리기술 30점, 작품의 평가 15점입니다.

❽ 시험 시작 전 가벼운 몸풀기(스트레칭) 동작으로 긴장을 풀고 시험을 시작합니다.

만드는 법

❶ 달걀은 잘 풀어준 뒤 체에 내린다. (알끈도 풀어 준다)

❷ 토마토는 껍질을 제거하고 씨를 제거한 후 0.5cm 크기로 자르고 양파, 피망, 양송이, 베이컨을 0.5cm 크기로 자른다.

❸ 팬에 베이컨을 넣고 볶은 뒤 양파, 피망, 양송이, 토마토 순서로 볶아준 후 토마토케첩을 넣고 볶아주면서 소금, 후추로 간을 한다.

❹ 오믈렛 팬에 버터를 두른 후 풀어준 달걀을 넣고 나무젓가락으로 스크램블 형태로 약간 익혀준다.

❺ 스크램블 한 달걀을 팬 앞쪽에 모은 다음, 달걀 중앙에 볶아놓은 채소를 놓고 타원형이 되도록 오믈렛을 만든다.

❻ 모양이 럭비공 모양이 되도록 완성한 후 접시에 담아낸다.

Key Point

• 팬을 충분히 코팅시켜 달걀이 오믈렛 팬에 달라붙지 않도록 유의한다.

• 볶은 채소의 수분을 최대한 적게 하여 오믈렛이 터지지 않도록 유의한다.

• 재료 볶음 팬과 오믈렛을 만들 팬은 별도로 해야 스패니시 오믈렛 표면에 빨간 토마토케첩 색이 묻지 않는다.

• 오믈렛을 만들 때 타거나 단단해지지 않게 불조절에 유의한다.

• 속에 넣을 재료는 농도가 너무 묽지 않아야 하며 달걀 안에 채울 땐 너무 많이 넣지 않아야 속이 오믈렛 밖으로 새어 나오지 않는다.

불합격 원인

• 속에 넣을 재료의 농도가 너무 묽어 오믈렛에서 흘러나오지 않도록 한다.

• 볶은 채소에 수분이 많아 오믈렛의 모양이 변한다.

• 오랜 시간 불을 강하게 하여 오믈렛이 단단해지고 깨진다.

다시 한번 알아보는 유의사항 문제

※ 스패니시 오믈렛에 들어가는 채소의 cm를 쓰시오.

※ 스패니시 오믈렛에 포함된 볶은 채소에 들어가는 모든 재료를 쓰시오.

※ 스패니시 오믈렛에 포함된 볶은 채소에 조리방법을 쓰시오.

- 만든 후 참고할 점 및 보완할 점 -

작품사진

(실습 작품 첨부)

20분

시험시간

Cheese Omelet

치즈오믈렛

지급재료

• 달걀 3개 • 치즈(가로, 세로 8cm 정도) 1장 • 버터(무염) 30g • 식용유 20ml
• 생크림(조리용) 20ml • 소금(정제염) 2g

요구사항

※ 주어진 재료를 사용하여 다음과 같이 치즈오믈렛을 만드시오.

❶ 치즈는 사방 0.5cm 정도로 자르시오.
❷ 치즈가 들어가 있는 것을 알 수 있도록 하고, 익지 않은 달걀이 흐르지 않도록 만드시오.
❸ 나무젓가락과 팬을 이용하여 타원형으로 만드시오.

수험자 유의사항

❶ 만드는 순서에 유의하며, 위생과 숙련된 기능평가를 위하여 조리작업 시 맛을 보지 않습니다.
❷ 지정된 수험자 지참 준비물 이외의 조리기구나 재료를 시험장 내에 지참할 수 없습니다.
❸ 지급재료는 시험 전 확인하여 이상이 있을 경우 시험위원으로부터 조치를 받고 시험 중에는 재료의 교환 및 추가
  지급은 하지 않습니다.
❹ 요구사항의 규격은 "정도"의 의미를 포함하며, 지급된 재료의 크기에 따라 가감하여 채점합니다.
❺ 위생복, 위생모, 앞치마를 착용하여야 하며, 시험장비 · 조리도구 취급 등 안전에 유의합니다.
❻ 다음 사항에 대해서는 채점대상에서 제외하니 특히 유의하시기 바랍니다.
  ㈎ 기권: 수험자 본인이 시험 도중 시험에 대한 포기 의사를 표현하는 경우
  ㈏ 실격
  • 가스레인지 화구 2개 이상(2개 포함) 사용한 경우
  • 불을 사용하여 만든 조리작품이 작품특성에 벗어나는 정도로 타거나 익지 않은 경우
  • 위생복, 위생모, 앞치마를 착용하지 않은 경우
  • 시험 중 시설 · 장비(칼, 가스레인지 등) 사용 시 시험위원 및 타 수험자의 시험 진행에 위해를 일
    으킬 것으로 시험위원 전원이 합의하여 판단한 경우
  ㈐ 미완성
  • 시험시간 내에 과제 두 가지를 제출하지 못한 경우
  • 문제의 요구사항대로 과제의 수량이 만들어지지 않은 경우
  ㈑ 오작
  • 구이를 조림 등으로 조리하여 완성품을 요구사항과 다르게 만든 경우
  • 해당 과제의 지급재료 이외의 재료를 사용하거나 석쇠 등 요구사항의 조리도구를 사용하지 않은
    경우
  ㈒ 요구사항에 표시된 실격, 미완성, 오작에 해당하는 경우
❼ 항목별 배점은 위생상태 및 안전관리 5점, 조리기술 30점, 작품의 평가 15점입니다.
❽ 시험 시작 전 가벼운 몸풀기(스트레칭) 동작으로 긴장을 풀고 시험을 시작합니다.

만드는 법

❶ 달걀은 거품기를 이용하여 잘 푼 후에 체에 내린다. (알끈도 같이 풀어준다)

❷ 치즈는 사방 0.5cm 크기로 일정하게 자른다.

❸ 풀어놓은 달걀에 사방 0.5cm 로 자른 치즈 1/3과 생크림 조금 넣고 함께 섞는다.

❹ 오믈렛 팬을 잘 달군 후, 식용유를 충분히 두르고 코팅을 하고 난 후 남은 기름을 따라내고 중불에서 버터를 두른 후 달걀을 부은 다음 나무젓가락으로 재빨리 저어 스크램블을 만든다.

❺ 스크램블 한 달걀을 팬 앞쪽에 모은 다음, 달걀 중앙에 남은 치즈를 넣고 타원형이 되도록 오믈렛을 만든다.

❻ 모양이 럭비공 모양이 되도록 완성한 후 접시에 담아낸다.

🧑‍🍳 Key Point

• 팬을 충분히 코팅시켜 달걀이 오믈렛 팬에 달라붙지 않도록 유의한다. (달걀껍질로 팬을 코팅하면 더욱 더 좋습니다.)

• 치즈는 0.5cm 크기로 균일하게 썰어야 같은 속도로 녹는다.

• 스크램블은 젓가락을 사용하며 V자로 벌려 휘저어야 오믈렛이 부드럽다.

• 달걀 안에 치즈를 채울 땐 고르게 올려 감독관이 어느 부분을 잘라도 치즈가 보일 수 있도록 한다.

• 열 조절을 잘해야 겉이 단단하거나 속이 덜 익지 않는다. : 팬이 뜨겁게 달궈지면 달걀을 붓고 중불로 줄인 후 스크램블을 하며 약불로 줄인 후 오믈렛 팬을 기울여 모양을 내며 익힌다.

• 김밥 말이, 달걀 말이처럼 돌돌 말지 않도록 주의한다.

불합격 원인

• 치즈를 오믈렛 안에 너무 많이 넣을 시 오믈렛 만드는 도중에 터질 수 있다.

• 오믈렛에서 익지 않은 달걀이 흐르지 않아야 한다.

• 오랜시간 불을 강하게 하여 오믈렛이 단단해지고 깨진다.

※ 치즈 오믈렛에 들어가는 치즈의 cm를 쓰시오.

※ 치즈 오믈렛 안에 넣는 치즈의 양과 달걀물을 풀 때 넣는
   치즈의 양을 적으시오.

※ 치즈 오믈렛에 들어가는 생크림의 양을 적으시오.

– 만든 후 참고할 점 및 보완할 점 –

작품사진

(실습 작품 첨부)

20분
시험시간

Waldorf Salad

월도프샐러드

지급재료
- 사과(200~250g 정도) 1개 • 셀러리 30g
- 호두(중, 겉껍질 제거한 것) 2개
- 레몬[길이(장축)로 등분] 1/4개 • 소금(정제염) 2g
- 흰후춧가루 1g • 마요네즈 60g
- 양상추(2잎 정도, 잎상추로 대체 가능) 20g
- 이쑤시개 1개

🍴 요구사항

※ 주어진 재료를 사용하여 다음과 같이 월도프샐러드를 만드시오.

❶ 사과, 셀러리, 호두알을 1cm 정도의 크기로 써시오.
❷ 사과의 껍질을 벗겨 변색되지 않게 하고, 호두알의 속껍질을 벗겨 사용하시오.
❸ 상추 위에 월도프샐러드를 담아내시오.

수험자 유의사항

❶ 만드는 순서에 유의하며, 위생과 숙련된 기능평가를 위하여 조리작업 시 맛을 보지 않습니다.
❷ 지정된 수험자 지참 준비물 이외의 조리기구나 재료를 시험장 내에 지참할 수 없습니다.
❸ 지급재료는 시험 전 확인하여 이상이 있을 경우 시험위원으로부터 조치를 받고 시험 중에는 재료의 교환 및 추가 지급은 하지 않습니다.
❹ 요구사항의 규격은 "정도"의 의미를 포함하며, 지급된 재료의 크기에 따라 가감하여 채점합니다.
❺ 위생복, 위생모, 앞치마를 착용하여야 하며, 시험장비 · 조리도구 취급 등 안전에 유의합니다.
❻ 다음 사항에 대해서는 채점대상에서 제외하니 특히 유의하시기 바랍니다.
　㈎ 기권: 수험자 본인이 시험 도중 시험에 대한 포기 의사를 표현하는 경우
　㈏ 실격
　　• 가스레인지 화구 2개 이상(2개 포함) 사용한 경우
　　• 불을 사용하여 만든 조리작품이 작품특성에 벗어나는 정도로 타거나 익지 않은 경우
　　• 위생복, 위생모, 앞치마를 착용하지 않은 경우
　　• 시험 중 시설 · 장비(칼, 가스레인지 등) 사용 시 시험위원 및 타 수험자의 시험 진행에 위해를 일으킬 것으로 시험위원 전원이 합의하여 판단한 경우
　㈐ 미완성
　　• 시험시간 내에 과제 두 가지를 제출하지 못한 경우
　　• 문제의 요구사항대로 과제의 수량이 만들어지지 않은 경우
　㈑ 오작
　　• 구이를 조림 등으로 조리하여 완성품을 요구사항과 다르게 만든 경우
　　• 해당 과제의 지급재료 이외의 재료를 사용하거나 석쇠 등 요구사항의 조리도구를 사용하지 않은 경우
　㈒ 요구사항에 표시된 실격, 미완성, 오작에 해당하는 경우
❼ 항목별 배점은 위생상태 및 안전관리 5점, 조리기술 30점, 작품의 평가 15점입니다.
❽ 시험 시작 전 가벼운 몸풀기(스트레칭) 동작으로 긴장을 풀고 시험을 시작합니다.

만드는 법

❶ 호두는 따뜻한 물에 불리고, 양상추는 찬물에 담가둔다.

❷ 셀러리는 껍질을 벗긴 뒤 1cm 크기로 다이스 한다.

❸ 사과는 껍질을 벗긴 후 씨를 제거한 뒤 1cm 크기로 다이스 한 후 레몬물에 담가놓는다.

❹ 물에 불린 호두를 이쑤시개를 이용하여 껍질을 벗기고 비슷한 크기로 잘라 준다.

❺ 양상추는 물기를 제거하고, 샐러드를 넉넉히 올릴 수 있을 정도의 크기로 뜯어놓는다.

❻ 물기를 제거한 사과, 셀러리, 호두를 마요네즈와 혼합하고 레몬즙, 소금, 흰후추로 간을 한다.

❼ 접시에 양상추를 깔고 샐러드를 담아 제출한다.

Key Point

• 사과, 셀러리, 호두의 크기를 간격 1cm로 일정하게 재단한다.

• 사과는 껍질째 썰지 않도록 주의한다.

• 양상추와 샐러드의 비율에 유의한다.

• 사과는 레몬 물에 담가 갈변이 일어나지 않도록 한다.

• 사과, 셀러리, 호두는 수분이 있으면 마요네즈가 흘러내리므로 주의한다.

• 버무릴 때 쇠수저를 사용하면 사과에서 수분이 나오거나 갈변이 된다. 나무주걱과 나무 젓가락을 사용하여 사과가 부서지지 않게 버무린다.

불합격 원인

• 사과에 레몬즙을 놓지 않으면 갈변된다.

• 호두에 껍질을 벗기지 않을 경우

• 샐러드의 크기를 지키지 않았을 경우

다시 한번 알아보는 유의사항 문제

※ 월도프 샐러드에 들어가는 재료를 쓰시오.

※ 월도프 샐러드에 들어가는 샐러드 재료의 크기를 쓰시오. (cm)

※ 월도프 샐러드 조리방법을 간단히 쓰시오.

– 만든 후 참고할 점 및 보완할 점 –

작품사진

(실습 작품 첨부)

30분
시험시간

Potato Salad

포테이토 샐러드

지급재료

- 감자(150g 정도) 1개 • 양파(중, 150g 정도) 1/6개
- 파슬리(잎, 줄기 포함) 1줄기 • 소금(정제염) 5g • 흰후춧가루 1g
- 마요네즈 50g

요구사항

※ 주어진 재료를 사용하여 다음과 같이 포테이토 샐러드를 만드시오.

❶ 감자는 껍질을 벗긴 후 1cm 정도의 정육면체로 썰어서 삶으시오.

❷ 양파는 곱게 다져 매운맛을 제거하시오.

❸ 파슬리는 다져서 사용하시오.

수험자 유의사항

❶ 만드는 순서에 유의하며, 위생과 숙련된 기능평가를 위하여 조리작업 시 맛을 보지 않습니다.

❷ 지정된 수험자 지참 준비물 이외의 조리기구나 재료를 시험장 내에 지참할 수 없습니다.

❸ 지급재료는 시험 전 확인하여 이상이 있을 경우 시험위원으로부터 조치를 받고 시험 중에는 재료의 교환 및 추가 지급은 하지 않습니다.

❹ 요구사항의 규격은 "정도"의 의미를 포함하며, 지급된 재료의 크기에 따라 가감하여 채점합니다.

❺ 위생복, 위생모, 앞치마를 착용하여야 하며, 시험장비 · 조리도구 취급 등 안전에 유의합니다.

❻ 다음 사항에 대해서는 채점대상에서 제외하니 특히 유의하시기 바랍니다.

　⑺ 기권: 수험자 본인이 시험 도중 시험에 대한 포기 의사를 표현하는 경우

　⑻ 실격

　　• 가스레인지 화구 2개 이상(2개 포함) 사용한 경우

　　• 불을 사용하여 만든 조리작품이 작품특성에 벗어나는 정도로 타거나 익지 않은 경우

　　• 위생복, 위생모, 앞치마를 착용하지 않은 경우

　　• 시험 중 시설 · 장비(칼, 가스레인지 등) 사용 시 시험위원 및 타 수험자의 시험 진행에 위해를 일으킬 것으로 시험위원 전원이 합의하여 판단한 경우

　⑼ 미완성

　　• 시험시간 내에 과제 두 가지를 제출하지 못한 경우

　　• 문제의 요구사항대로 과제의 수량이 만들어지지 않은 경우

　⑽ 오작

　　• 구이를 조림 등으로 조리하여 완성품을 요구사항과 다르게 만든 경우

　　• 해당 과제의 지급재료 이외의 재료를 사용하거나 석쇠 등 요구사항의 조리도구를 사용하지 않은 경우

　⑾ 요구사항에 표시된 실격, 미완성, 오작에 해당하는 경우

❼ 항목별 배점은 위생상태 및 안전관리 5점, 조리기술 30점, 작품의 평가 15점입니다.

❽ 시험 시작 전 가벼운 몸풀기(스트레칭) 동작으로 긴장을 풀고 시험을 시작합니다.

만드는 법

❶ 감자는 깨끗이 씻은 후 껍질을 벗겨 사방 1cm 정도의 크기로 썰어 물에 담근다.

❷ 끓는물에 소금을 넣고 감자를 삶아 찬물에서 헹구지 말고 실온에서 식힌다.

❸ 양파는 곱게 다져서 소금물에 담근 후 소창에 올려 수분기를 제거한다.

❹ 파슬리는 곱게 다진 후 소창에 싸서 찬물에 헹구어 물기를 제거하여 가루를 만든다.

❺ 믹싱볼에 삶은 감자, 다진 양파, 소금, 흰 후추를 넣고 마요네즈를 섞어, 감자가 부서지지 않도록 살살 버무린다.

❻ 접시에 샐러드를 정갈하게 담고 파슬리가루를 뿌려 제출한다.

Key Point

• 감자는 소금물에 알맞게 익혀야 하는데 살이 덜 익거나 반대로 너무 삶아 감자가 부서지지 않도록 한다. (이쑤시개로 찔러 익었는지 판단하여도 좋다.)
• 삶은 감자는 찬물에 헹구면 마요네즈가 겉돌기 때문에 체에 올려 그대로 식힌다.
• 파슬리, 양파는 뭉치지 않게 버무려야 한다.

불합격 원인

• 감자를 너무 많이 익혀 감자가 부서질 위험이 있다.
• 감자의 크기가 균일하지 않을 경우
• 마요네즈 양이 너무 적거나 많을 경우

다시 한번 알아보는 유의사항 문제

※ 포테이토 샐러드에 들어가는 감자의 cm를 쓰시오.

※ 포테이토 샐러드에 들어가는 재료를 쓰시오.

※ 포테이토 샐러드 조리방법을 간단히 쓰시오

- 만든 후 참고할 점 및 보완할 점 -

작품사진

(실습 작품 첨부)

30분
시험시간

Bacon, Lettuce, Tomato(BLT) Sandwich

베이컨, 레터스, 토마토 샌드위치

지급재료

- 식빵(샌드위치용) 3조각 • 양상추(2잎 정도, 잎상추로 대체 가능) 20g
- 토마토[중(150g 정도), 둥근 모양이 되도록 잘라서 지급] 1/2개
- 베이컨(길이 25~30cm) 2조각 • 마요네즈 30g
- 소금(정제염) 3g • 검은후춧가루 1g

요구사항

※ 주어진 재료를 사용하여 다음과 같이 베이컨, 레터스, 토마토 샌드위치를 만드시오.

❶ 빵은 구워서 사용하시오.
❷ 토마토는 0.5cm 정도의 두께로 썰고, 베이컨은 구워서 사용하시오.
❸ 완성품은 4조각으로 썰어 전량을 제출하시오.

수험자 유의사항

❶ 만드는 순서에 유의하며, 위생과 숙련된 기능평가를 위하여 조리작업 시 맛을 보지 않습니다.
❷ 지정된 수험자 지참 준비물 이외의 조리기구나 재료를 시험장 내에 지참할 수 없습니다.
❸ 지급재료는 시험 전 확인하여 이상이 있을 경우 시험위원으로부터 조치를 받고 시험 중에는 재료의 교환 및 추가 지급은 하지 않습니다.
❹ 요구사항의 규격은 "정도"의 의미를 포함하며, 지급된 재료의 크기에 따라 가감하여 채점합니다.
❺ 위생복, 위생모, 앞치마를 착용하여야 하며, 시험장비 · 조리도구 취급 등 안전에 유의합니다.
❻ 다음 사항에 대해서는 채점대상에서 제외하니 특히 유의하시기 바랍니다.
　㉮ 기권: 수험자 본인이 시험 도중 시험에 대한 포기 의사를 표현하는 경우
　㉯ 실격
　　• 가스레인지 화구 2개 이상(2개 포함) 사용한 경우
　　• 불을 사용하여 만든 조리작품이 작품특성에 벗어나는 정도로 타거나 익지 않은 경우
　　• 위생복, 위생모, 앞치마를 착용하지 않은 경우
　　• 시험 중 시설 · 장비(칼, 가스레인지 등) 사용 시 시험위원 및 타 수험자의 시험 진행에 위해를 일으킬 것으로 시험위원 전원이 합의하여 판단한 경우
　㉰ 미완성
　　• 시험시간 내에 과제 두 가지를 제출하지 못한 경우
　　• 문제의 요구사항대로 과제의 수량이 만들어지지 않은 경우
　㉱ 오작
　　• 구이를 조림 등으로 조리하여 완성품을 요구사항과 다르게 만든 경우
　　• 해당 과제의 지급재료 이외의 재료를 사용하거나 석쇠 등 요구사항의 조리도구를 사용하지 않은 경우
　㉲ 요구사항에 표시된 실격, 미완성, 오작에 해당하는 경우
❼ 항목별 배점은 위생상태 및 안전관리 5점, 조리기술 30점, 작품의 평가 15점입니다.
❽ 시험 시작 전 가벼운 몸풀기(스트레칭) 동작으로 긴장을 풀고 시험을 시작합니다.

만드는 법

❶ 양상추는 찬물에 담가 싱싱하게 준비한다.

❷ 식빵은 기름을 두르지 않고 양면이 갈색이 나도록 구워낸다.

❸ 베이컨은 은근하게 달군 팬에서 구워서 기름기를 제거해놓는다.

❹ 토마토는 0.5cm 두께의 원형으로 자르고, 물에 담가둔 양상추는 물기를 제거하고 식빵 크기로 자른다.

❺ 구운 식빵 2장은 한 면에만 마요네즈를 바르고, 1장은 양면에 다 바른다.

❻ 빵에 양상추, 베이컨을 올리고 양면에 버터를 바른 빵을 올린 후 양상추, 토마토, 식빵 순으로 올려 샌드위치를 만든다.

❼ 샌드위치의 가장자리를 잘라 접시에 담아낸다.

Key Point

- BLT는 베이컨, 양상추, 토마토의 약자로 글자의 첫 자를 따온 약어이다.
- 채소의 물기를 충분히 제거하여 토스트가 눅눅해지지 않도록 주의한다.
- 베이컨은 지나치게 구우면 식으면서 뻣뻣해진다. 구운 후 키친타월에 감싸 기름기를 제거한다.
- 식빵은 약불에 타지 않게 구운 후 공기가 통하게 식혀야 수분이 생기지 않는다.
- 식빵은 샌드한 후 가장자리를 잘라야 단면이 깔끔하다.
- 식빵의 가장자리를 자른 후 샌드하면 속재료가 빠져나와 단면이 지저분할 수 있다.
- 지급재료가 아닌 것을 사용하면 오작이므로 반드시 지급재료를 확인한다.

EX) BLT 샌드위치 중앙에 지급재료가 아닌 파슬리 잎을 올리면 오작처리된다.

불합격 원인

- 채소의 물기를 제거하지 않아 샌드위치가 눅눅해졌다.
- 빵을 구워서 사용하지 않았다.
- 샌드위치의 모양이 전체적으로 좋지 않았다.

※ BLT 샌드위치의 BLT는 무슨 뜻인지 쓰시오.

※ 토마토의 크기는 몇 cm인지 쓰시오.

※ BLT 샌드위치의 재료를 올리는 순서를 차례대로 쓰시오.

– 만든 후 참고할 점 및 보완할 점 –

작품사진

(실습 작품 첨부)

30분
시험시간

Hamburger Sandwich
햄버거 샌드위치

지급재료

- 소고기(살코기, 방심) 100g • 양파(중, 150g 정도) 1개
- 빵가루(마른 것) 30g • 셀러리 30g • 소금(정제염) 3g
- 검은후춧가루 1g • 양상추 20g
- 토마토[중(150g 정도), 둥근 모양이 되도록 잘라서 지급] 1/2개
- 버터(무염) 15g • 햄버거 빵 1개 • 식용유 20ml • 달걀 1개

요구사항

※ 주어진 재료를 사용하여 다음과 같이 햄버거 샌드위치를 만드시오.

❶ 빵은 버터를 발라 구워서 사용하시오.
❷ 고기는 미디엄 웰던(medium–wellden)으로 굽고, 구워진 고기의 두께는 1cm 정도로 하시오.
❸ 토마토, 양파는 0.5cm 정도의 두께로 썰고 양상추는 빵 크기에 맞추시오.
❹ 샌드위치는 반으로 잘라내시오.

수험자 유의사항

❶ 만드는 순서에 유의하며, 위생과 숙련된 기능평가를 위하여 조리작업 시 맛을 보지 않습니다.
❷ 지정된 수험자 지참 준비물 이외의 조리기구나 재료를 시험장 내에 지참할 수 없습니다.
❸ 지급재료는 시험 전 확인하여 이상이 있을 경우 시험위원으로부터 조치를 받고 시험 중에는 재료의 교환 및 추가 지급은 하지 않습니다.
❹ 요구사항의 규격은 "정도"의 의미를 포함하며, 지급된 재료의 크기에 따라 가감하여 채점합니다.
❺ 위생복, 위생모, 앞치마를 착용하여야 하며, 시험장비 · 조리도구 취급 등 안전에 유의합니다.
❻ 다음 사항에 대해서는 채점대상에서 제외하니 특히 유의하시기 바랍니다.
   ㈎ 기권: 수험자 본인이 시험 도중 시험에 대한 포기 의사를 표현하는 경우
   ㈏ 실격
    • 가스레인지 화구 2개 이상(2개 포함) 사용한 경우
    • 불을 사용하여 만든 조리작품이 작품특성에 벗어나는 정도로 타거나 익지 않은 경우
    • 위생복, 위생모, 앞치마를 착용하지 않은 경우
    • 시험 중 시설 · 장비(칼, 가스레인지 등) 사용 시 시험위원 및 타 수험자의 시험 진행에 위해를 일으킬 것으로 시험위원 전원이 합의하여 판단한 경우
   ㈐ 미완성
    • 시험시간 내에 과제 두 가지를 제출하지 못한 경우
    • 문제의 요구사항대로 과제의 수량이 만들어지지 않은 경우
   ㈑ 오작
    • 구이를 조림 등으로 조리하여 완성품을 요구사항과 다르게 만든 경우
    • 해당 과제의 지급재료 이외의 재료를 사용하거나 석쇠 등 요구사항의 조리도구를 사용하지 않은 경우
   ㈒ 요구사항에 표시된 실격, 미완성, 오작에 해당하는 경우
❼ 항목별 배점은 위생상태 및 안전관리 5점, 조리기술 30점, 작품의 평가 15점입니다.
❽ 시험 시작 전 가벼운 몸풀기(스트레칭) 동작으로 긴장을 풀고 시험을 시작합니다.

만드는 법

❶ 양상추는 찬물에 담가둔다.

❷ 양파는 0.5cm 두께로 잘라놓고, 나머지 양파와 껍질을 제거한 셀러리를 곱게 다져 살짝 볶아 펼쳐서 식힌다.

❸ 토마토는 0.5cm 두께의 원형으로 자른다.

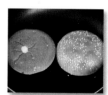

❹ 믹싱볼에 소고기 간 것과 볶은 양파, 셀러리, 소금, 후추, 달걀물, 빵가루를 넣고 치대어 햄버거 패티를 만든다.

❺ 패티를 햄버거빵의 직경보다 1cm 정도 크게 하고, 두께는 0.6~0.7cm 정도로 하여 기름을 두른 팬에서 앞·뒤로 색을 내어 고기의 속까지 익혀준다.

❻ 토스트한 햄버거빵에 버터를 바르고, 물기를 제거한 양상추를 위에 올리고 패티, 양파, 토마토를 차례로 얹은 후 위에 빵을 올린다.

❼ 햄버거 샌드위치를 이등분하여 속재료가 보이도록 접시에 담는다.

🧢 Key Point

- 덩어리 고기로 지급되며, 핏물을 제거하고 곱게 다진다.
- 고기는 익으면 두께가 두꺼워지고 너비는 줄어들므로 지름은 햄버거빵보다 약간 크게, 두께는 0.8cm 정도로 빚는다.
- 겉은 타지 않게 갈색이 나와야 하며, 속은 반드시 익을 수 있도록 중불로 은근히 굽는다. (감독관은 고기가 익었는지부터 확인하므로 필히 익혀야 한다.)
- 햄버거 샌드위치는 빵에 버터를 바르고 팬에 굽는다. BLT 샌드위치는 빵을 팬에 구운 후 마요네즈를 바른다.
- 이쑤시개 등으로 고정하여 자를 경우 제출 전에 이쑤시개를 제거하여 제출한다.

불합격 원인

- 햄버거 패티의 겉만 색이 나고 속은 익지 않을 경우
- 햄버거용 빵을 미리 구워놓아서 눅눅해졌을 경우
- 재료들의 cm가 요구사항과 맞지 않는 경우

다시 한번 알아보는 유의사항 문제

※ 햄버거 패티의 두께는 몇 cm인지 쓰시오.

※ 토마토와 양상추의 크기는 몇 cm인지 쓰시오.

※ 햄버거 샌드위치의 재료를 올리는 순서를 차례대로 쓰시오.

– 만든 후 참고할 점 및 보완할 점 –

작품사진

(실습 작품 첨부)

30분
시험시간

Brown Stock
브라운 스톡

지급재료

- 소뼈(2~3cm 정도, 자른 것) 150g
- 양파(중, 150g 정도) 1/2개 • 당근(둥근 모양이 유지되게 등분) 40g
- 셀러리 30g • 검은통후추 4개 • 토마토(중, 150g 정도) 1개
- 파슬리(잎, 줄기 포함) 1줄기 • 월계수잎 1잎
- 정향 1개 • 버터(무염) 5g • 식용유 50ml • 면실 30cm
- 다임(fresh, 1줄기) 2g
- 다시백(10×12cm) 1개

요구사항

※ 주어진 재료를 사용하여 다음과 같이 브라운 스톡을 만드시오.

❶ 스톡은 맑고 갈색이 되도록 하시오.
❷ 소뼈는 찬물에 담가 핏물을 제거한 후 구워서 사용하시오.
❸ 향신료로 사세 데피스(sachet d'epice)를 만들어 사용하시오.
❹ 완성된 스톡의 양이 200ml 이상 되도록 하여 볼에 담아내시오.

수험자 유의사항

❶ 만드는 순서에 유의하며, 위생과 숙련된 기능평가를 위하여 조리작업 시 맛을 보지 않습니다.
❷ 지정된 수험자 지참 준비물 이외의 조리기구나 재료를 시험장 내에 지참할 수 없습니다.
❸ 지급재료는 시험 전 확인하여 이상이 있을 경우 시험위원으로부터 조치를 받고 시험 중에는 재료의 교환 및 추가 지급은 하지 않습니다.
❹ 요구사항의 규격은 "정도"의 의미를 포함하며, 지급된 재료의 크기에 따라 가감하여 채점합니다.
❺ 위생복, 위생모, 앞치마를 착용하여야 하며, 시험장비 · 조리도구 취급 등 안전에 유의합니다.
❻ 다음 사항에 대해서는 채점대상에서 제외하니 특히 유의하시기 바랍니다.
　㉮ 기권: 수험자 본인이 시험 도중 시험에 대한 포기 의사를 표현하는 경우
　㉯ 실격
　　• 가스레인지 화구 2개 이상(2개 포함) 사용한 경우
　　• 불을 사용하여 만든 조리작품이 작품특성에 벗어나는 정도로 타거나 익지 않은 경우
　　• 위생복, 위생모, 앞치마를 착용하지 않은 경우
　　• 시험 중 시설 · 장비(칼, 가스레인지 등) 사용 시 시험위원 및 타 수험자의 시험 진행에 위해를 일으킬 것으로 시험위원 전원이 합의하여 판단한 경우
　㉰ 미완성
　　• 시험시간 내에 과제 두 가지를 제출하지 못한 경우
　　• 문제의 요구사항대로 과제의 수량이 만들어지지 않은 경우
　㉱ 오작
　　• 구이를 조림 등으로 조리하여 완성품을 요구사항과 다르게 만든 경우
　　• 해당 과제의 지급재료 이외의 재료를 사용하거나 석쇠 등 요구사항의 조리도구를 사용하지 않은 경우
　㉲ 요구사항에 표시된 실격, 미완성, 오작에 해당하는 경우
❼ 항목별 배점은 위생상태 및 안전관리 5점, 조리기술 30점, 작품의 평가 15점입니다.
❽ 시험 시작 전 가벼운 몸풀기(스트레칭) 동작으로 긴장을 풀고 시험을 시작합니다.

만드는 법

❶ 소뼈는 찬물에 담가 핏물을 제거한다.

❷ 미르포아(당근, 양파, 셀러리) 채소는 3×3cm로 썰고, 토마토는 껍질과 씨를 제거하여 슬라이스한다.

❸ 팬에 소량의 버터를 넣고 소뼈를 갈색이 되도록 구워준다. 미르포아 채소도 팬에서 갈색으로 충분히 볶아주고, 색을 낸 소뼈와 채소를 냄비에 넣는다.

❹ 냄비에 물 400ml를 붓고, 셀러리, 월계수잎, 정향, 통후추, 파슬리로 향신료 주머니를 만들어 놓고 끓인다.

❺ 육수가 끓어오르면 불을 줄이고 기름과 거품을 제거하면서 끓인다.

❻ 육수가 엷은 갈색이 되면 소창과 체를 이용하여 거른 후 볼에 담아 제출한다.

Key Point

- 육수(Stock)은 만들 때 소금간을 하지 않는데, 이는 소스와 수프의 기본 육수로 사용되기 때문이다.
- 소뼈와 야채는 충분히 구워야 스톡이 갈색이 되고, 거품을 제거하면서 은근히 끓여야 맑다.
- 소뼈는 찬물에 담가 핏물을 제거한 후 데친다.
- 스톡은 끓으면서 생기는 거품을 계속 걷어내야 맑은 스톡을 얻을 수 있다.
- 완성 스톡은 200ml가 넘지 않으면 실격이므로 양이 모자라지 않도록 한다.

불합격 원인

- 스톡이 끓으면서 생기는 거품을 제거 안 할 경우 스톡이 탁해지므로 맑은 스톡을 얻기 위하여 거품을 걷어내야 한다.
- 스톡을 센불에서 끓이면 스톡이 탁해지고 잘 우러나오지 않기에 항상 불 조절에 유의한다.
- 스톡은 소금, 검은후춧가루로 간을 하지 않는다.

다시 한번 알아보는 유의사항 문제

※ 조리에 필요한 부케가르니의 구성요소를 적으시오.

※ 미르포아가 무엇인지 설명하고, 브라운 스톡을 만들 때 미르포아 cm를 설명하시오.

※ 브라운 스톡을 끓일 때 생기는 거품을 제거하는 조리법을 말하시오.

– 만든 후 참고할 점 및 보완할 점 –

작품사진

(실습 작품 첨부)

30분
시험시간

Italian Meat Sauce

이탈리안 미트소스

지급재료

• 양파(중, 150g 정도) 1/2개 • 소고기(살코기, 간 것) 60g • 마늘(중, 깐 것) 1쪽
• 토마토(캔, 고형물) 30g • 버터(무염) 10g • 토마토 페이스트 30g
• 월계수잎 1잎 • 파슬리(잎, 줄기 포함) 1줄기 • 소금(정제염) 2g
• 검은후춧가루 2g • 셀러리 30g

요구사항

※ 주어진 재료를 사용하여 다음과 같이 이탈리안 미트소스를 만드시오.

❶ 모든 재료는 다져서 사용하시오.
❷ 그릇에 담고 파슬리 다진 것을 뿌려내시오.
❸ 소스는 150㎖ 이상 제출하시오.

수험자 유의사항

❶ 만드는 순서에 유의하며, 위생과 숙련된 기능평가를 위하여 조리작업 시 맛을 보지 않습니다.
❷ 지정된 수험자 지참 준비물 이외의 조리기구나 재료를 시험장 내에 지참할 수 없습니다.
❸ 지급재료는 시험 전 확인하여 이상이 있을 경우 시험위원으로부터 조치를 받고 시험 중에는 재료의 교환 및 추가 지급은 하지 않습니다.
❹ 요구사항의 규격은 "정도"의 의미를 포함하며, 지급된 재료의 크기에 따라 가감하여 채점합니다.
❺ 위생복, 위생모, 앞치마를 착용하여야 하며, 시험장비 · 조리도구 취급 등 안전에 유의합니다.
❻ 다음 사항에 대해서는 채점대상에서 제외하니 특히 유의하시기 바랍니다.
　(가) 기권: 수험자 본인이 시험 도중 시험에 대한 포기 의사를 표현하는 경우
　(나) 실격
　　• 가스레인지 화구 2개 이상(2개 포함) 사용한 경우
　　• 불을 사용하여 만든 조리작품이 작품특성에 벗어나는 정도로 타거나 익지 않은 경우
　　• 위생복, 위생모, 앞치마를 착용하지 않은 경우
　　• 시험 중 시설 · 장비(칼, 가스레인지 등) 사용 시 시험위원 및 타 수험자의 시험 진행에 위해를 일으킬 것으로 시험위원 전원이 합의하여 판단한 경우
　(다) 미완성
　　• 시험시간 내에 과제 두 가지를 제출하지 못한 경우
　　• 문제의 요구사항대로 과제의 수량이 만들어지지 않은 경우
　(라) 오작
　　• 구이를 조림 등으로 조리하여 완성품을 요구사항과 다르게 만든 경우
　　• 해당 과제의 지급재료 이외의 재료를 사용하거나 석쇠 등 요구사항의 조리도구를 사용하지 않은 경우
　(마) 요구사항에 표시된 실격, 미완성, 오작에 해당하는 경우
❼ 항목별 배점은 위생상태 및 안전관리 5점, 조리기술 30점, 작품의 평가 15점입니다.
❽ 시험 시작 전 가벼운 몸풀기(스트레칭) 동작으로 긴장을 풀고 시험을 시작합니다.

만드는 법

❶ 양파, 셀러리, 마늘은, 곱게 다지고, 지급된 소고기도 곱게 다져 준비한다.

❷ 파슬리는 다져 소창에 싸서 찬물에 헹구어 물기를 제거하여 가루를 만든다.

❸ 냄비에 버터를 두르고 마늘, 양파, 셀러리, 소고기 간 것을 넣고 볶다가, 토마토 페이스트를 넣어 볶아준다.

❹ 토마토 홀을 넣어주고, 육수 또는 물을 부은 뒤, 월계수잎을 넣고 나무주걱으로 저어주면서 시머링 한다.

❺ 소스의 농도가 걸쭉해지면 월계수잎을 걷어내고 소금, 후추로 간을 한 후 소스볼에 담고 파슬리가루를 뿌려준다.

🧢 Key Point

• 토마토 페이스트는 타지 않도록 약불로 오랜 시간 볶아준다.

• 같은 고기가 지급되어도 칼로 다져 사용한다.

• 소고기는 핏물을 제거해야 소스 색이 탁하지 않고 누린내가 나지 않는다.

• 야채를 버터에 충분히 볶아야 완성 후 표면에 수분이 겉돌지 않는다.

• 파슬리는 녹즙 제거를 해야 소스 위에 뿌렸을 때 지저분하지 않다.

불합격 원인

• 파슬리가루를 뿌리지 않았을 경우

• 모든 재료를 다져 사용하지 않았을 경우

• 시머링을 충분히 하지 않아 불순물이 보일 경우

다시 한번 알아보는 유의사항 문제

※ 이탈리안 미트소스 만드는 방법을 간략하게 쓰시오.

※ 이탈리안 미트소스에서 소스를 끓일 때 나무주걱을 저어
주면서 무슨 조리법을 사용하는지 적으시오.

※ 이탈리안 미트소스에 들어가는 파슬리는 어떻게 사용하
는지 적으시오.

- 만든 후 참고할 점 및 보완할 점 -

작품사진

(실습 작품 첨부)

25분

시험시간

Hollandaise Sauce

홀랜다이즈 소스

🍱 지급재료

- 달걀 2개 • 양파(중, 150g 정도) 1/8개 • 식초 20ml
- 검은통후추 3개 • 버터(무염) 200g
- 레몬[길이(장축)로 등분] 1/4개 • 월계수잎 1잎
- 파슬리(잎, 줄기 포함) 1줄기
- 소금(정제염) 2g • 흰후춧가루 1g

🫖 요구사항

※ 주어진 재료를 사용하여 다음과 같이 홀랜다이즈 소스를 만드시오.

❶ 양파, 식초를 이용하여 허브에센스(herb essence)를 만들어 사용하시오.

❷ 정제버터를 만들어 사용하시오.

❸ 소스는 중탕으로 만들어 굳지 않게 그릇에 담아내시오.

❹ 소스는 100ml 이상 제출하시오.

- -

수험자 유의사항

❶ 만드는 순서에 유의하며, 위생과 숙련된 기능평가를 위하여 조리작업 시 맛을 보지 않습니다.

❷ 지정된 수험자 지참 준비물 이외의 조리기구나 재료를 시험장 내에 지참할 수 없습니다.

❸ 지급재료는 시험 전 확인하여 이상이 있을 경우 시험위원으로부터 조치를 받고 시험 중에는 재료의 교환 및 추가 지급은 하지 않습니다.

❹ 요구사항의 규격은 "정도"의 의미를 포함하며, 지급된 재료의 크기에 따라 가감하여 채점합니다.

❺ 위생복, 위생모, 앞치마를 착용하여야 하며, 시험장비 · 조리도구 취급 등 안전에 유의합니다.

❻ 다음 사항에 대해서는 채점대상에서 제외하니 특히 유의하시기 바랍니다.

　㉮ 기권: 수험자 본인이 시험 도중 시험에 대한 포기 의사를 표현하는 경우

　㉯ 실격

- 가스레인지 화구 2개 이상(2개 포함) 사용한 경우
- 불을 사용하여 만든 조리작품이 작품특성에 벗어나는 정도로 타거나 익지 않은 경우
- 위생복, 위생모, 앞치마를 착용하지 않은 경우
- 시험 중 시설 · 장비(칼, 가스레인지 등) 사용 시 시험위원 및 타 수험자의 시험 진행에 위해를 일으킬 것으로 시험위원 전원이 합의하여 판단한 경우

　㉰ 미완성

- 시험시간 내에 과제 두 가지를 제출하지 못한 경우
- 문제의 요구사항대로 과제의 수량이 만들어지지 않은 경우

　㉱ 오작

- 구이를 조림 등으로 조리하여 완성품을 요구사항과 다르게 만든 경우
- 해당 과제의 지급재료 이외의 재료를 사용하거나 석쇠 등 요구사항의 조리도구를 사용하지 않은 경우

　㉲ 요구사항에 표시된 실격, 미완성, 오작에 해당하는 경우

❼ 항목별 배점은 위생상태 및 안전관리 5점, 조리기술 30점, 작품의 평가 15점입니다.

❽ 시험 시작 전 가벼운 몸풀기(스트레칭) 동작으로 긴장을 풀고 시험을 시작합니다.

만드는 법

❶ 냄비에 물을 끓여서 데운 후 버터를 용기에 담아 냄비 위에 놓고 중탕으로 녹여서 정제버터(Clarifed Butter)를 만든다. 표면에 뜬 거품을 제거한다.

❷ 냄비에 다진 양파, 으깬 후추(Crushed Pepper), 월계수잎, 파슬리, 식초, 물을 넣고 끓여서 반으로 졸여 소창에 걸러 허브에센스를 만든다.

❸ 달걀은 분리하여 노른자만 믹싱볼에 담아낸다.

❹ 달걀노른자를 넣은 믹싱볼을 따뜻한 냄비 위에 올리고 거품기를 시계방향으로 돌리면서 정제버터를 넣어주길 반복한다. 여러 차례 반복하여 유화시킨다.

❺ 소스가 되직해지면 허브에센스를 넣어 농도를 조절한다.

❻ 노란색의 소스가 완성되면 소금, 후추로 간을 하고 레몬즙을 약간 짜 넣어 섞어주고, 소스볼에 담아 제출한다.

🧑‍🍳 Key Point

- 정제버터(Clarifed Butter)는 60도 정도의 물에서 중탕하여 기름과 유지가 분리되도록 하고, 유지 위에 기름만을 사용한다.
- 소스를 만들 때 믹싱볼 아래 냄비의 물의 온도가 75도 이상 높으면 달걀노른자가 익게 되므로, 너무 뜨겁지 않게 물의 온도를 조절해야 하고, 온도가 너무 낮아도 노른자와 버터가 분리되어 실패할 수 있다.
- 홀랜다이즈 소스를 만들 때에는 모든 재료가 따뜻하게 준비해야 하고 보관도 웜(Warom)으로 따뜻하게 보관해야 한다.
- 뜨겁게 만들었을 때보다 시간이 지나면서 걸쭉하게 되니 소스 농도에 주의해야 한다.
- 통후추는 칼배로 눌러 으깬다.
- 버터를 중탕할 때 냄비에 깨끗한 면보를 깔고 물을 넣어 끓이면 볼이 흔들리지 않아 수분이 들어가거나 소음이 나지 않는다.
- 달걀노른자는 온도가 너무 높으면 익어버리고 온도가 너무 낮으면 소스가 굳기 때문에 온도 조절에 주의한다.

불합격 원인

- 홀랜다이즈 소스를 만들 때 정제버터를 넣는 과정에서 분리가 쉽게 나므로 온도와 버터를 조금씩 넣기를 반복하며 유의하여야 한다.
- 홀랜다이즈 소스를 거품기로 저을 때 너무 빠르지도 느리지도 않게 시계방향으로 돌려줘야 한다.
- 홀랜다이즈 소스의 허브에센스를 넣을 때 조금씩 넣어가며 저어줘야 분리되지 않는다.

다시 한번 알아보는 유의사항 문제

※ 홀랜다이즈 소스는 주로 어떤 식재료에 잘 어울리는지
  적으시오.

※ 홀랜다이즈 소스의 허브에센스 만드는 방법을 적으시오.

※ 홀랜다이즈 소스의 레몬은 언제 넣어야 하는지 적으
  시오.

– 만든 후 참고할 점 및 보완할 점 –

작품사진

(실습 작품 첨부)

30분
시험시간

Brown Gravy Sauce
브라운 그레이비 소스

지급재료

- 밀가루(중력분) 20g • 브라운 스톡(물로 대체 가능) 300㎖
- 소금(정제염) 2g • 검은후춧가루 1g • 버터(무염) 30g
- 양파(중, 150g 정도) 1/6개 • 셀러리 20g
- 당근(둥근 모양이 유지되게 등분) 40g
- 토마토 페이스트 30g
- 월계수잎 1잎 • 정향 1개

요구사항

※ 주어진 재료를 사용하여 다음과 같이 브라운 그레이비 소스를 만드시오.

❶ 브라운 루(brown roux)를 만들어 사용하시오.

❷ 소스의 양은 200㎖ 이상을 만드시오.

수험자 유의사항

❶ 만드는 순서에 유의하며, 위생과 숙련된 기능평가를 위하여 조리작업 시 맛을 보지 않습니다.

❷ 지정된 수험자 지참 준비물 이외의 조리기구나 재료를 시험장 내에 지참할 수 없습니다.

❸ 지급재료는 시험 전 확인하여 이상이 있을 경우 시험위원으로부터 조치를 받고 시험 중에는 재료의 교환 및 추가 지급은 하지 않습니다.

❹ 요구사항의 규격은 "정도"의 의미를 포함하며, 지급된 재료의 크기에 따라 가감하여 채점합니다.

❺ 위생복, 위생모, 앞치마를 착용하여야 하며, 시험장비 · 조리도구 취급 등 안전에 유의합니다.

❻ 다음 사항에 대해서는 채점대상에서 제외하니 특히 유의하시기 바랍니다.

 ㈎ 기권: 수험자 본인이 시험 도중 시험에 대한 포기 의사를 표현하는 경우

 ㈏ 실격

- 가스레인지 화구 2개 이상(2개 포함) 사용한 경우
- 불을 사용하여 만든 조리작품이 작품특성에 벗어나는 정도로 타거나 익지 않은 경우
- 위생복, 위생모, 앞치마를 착용하지 않은 경우
- 시험 중 시설 · 장비(칼, 가스레인지 등) 사용 시 시험위원 및 타 수험자의 시험 진행에 위해를 일으킬 것으로 시험위원 전원이 합의하여 판단한 경우

 ㈐ 미완성

- 시험시간 내에 과제 두 가지를 제출하지 못한 경우
- 문제의 요구사항대로 과제의 수량이 만들어지지 않은 경우

 ㈑ 오작

- 구이를 조림 등으로 조리하여 완성품을 요구사항과 다르게 만든 경우
- 해당 과제의 지급재료 이외의 재료를 사용하거나 석쇠 등 요구사항의 조리도구를 사용하지 않은 경우

 ㈒ 요구사항에 표시된 실격, 미완성, 오작에 해당하는 경우

❼ 항목별 배점은 위생상태 및 안전관리 5점, 조리기술 30점, 작품의 평가 15점입니다.

❽ 시험 시작 전 가벼운 몸풀기(스트레칭) 동작으로 긴장을 풀고 시험을 시작합니다.

만드는 법

❶ 양파, 당근, 셀러리는 채 썰어 냄비에 버터를 넣고 갈색이 되도록 볶는다.

❷ 냄비에 버터와 밀가루를 1:1 동량으로 넣고 갈색으로 볶아 브라운 루(Brown Roux)를 만든다.

❸ 브라운 루에 토마토 페이스트를 넣고 충분히 볶은 다음, 육수(Stock)를 붓고 루(Roux)를 풀어준다.

❹ 갈색으로 볶은 양파와 당근, 셀러리, 부케가르니(월계수잎, 정향)를 넣어 거품과 기름을 제거하면서 시머링(Simmering)을 한다.

❺ 농도가 걸쭉해지면 체에 거른 후 소금, 후추로 간을 하고 소스볼에 담아 제출한다.

Key Point

- 브라운소스(Brown Sauce)는 육류, 가금류 등의 주요리에 주로 사용되는 기본소스이다.
- 브라운 루(Brown Roux)는 갈색으로 볶아주는데 타지 않게 볶아준다.
- 채소는 갈색이 되도록 충분히 볶아주고, 토마토페이스트도 신맛을 없애기 위해 충분히 볶아주어야 소스의 깊은맛이 난다.
- 소스를 끓일 때 거품과 기름을 제거하면서 끓여야 더욱 더 깔끔하고 맛있어진다.
- 야채는 균일하게 썰어야 고르게 익는다.
- 토마토 페이스트는 잘 타므로 불을 끄고 넣어 남은 열에 의해 볶아질 수 있도록 한다.
- 브라운 그레이비 소스는 200ml가 안되면 수량부족 실격이므로 양이 모자라지 않도록 계량컵을 이용하여 담아낸다.

불합격 원인

- 브라운소스의 농도가 묽을 경우, 브라운소스의 농도는 무조건 소스의 농도로 걸쭉해야 한다.
- 브라운 루가 타지 않도록 볶아야 한다.
- 채소를 볶을 때 갈색이 되도록 볶아주어야 소스의 색이 더욱 더 진해진다.

다시 한번 알아보는 유의사항 문제

※ 브라운그레이비소스에 들어가는 루(Roux) 가 무슨 루이
며 만드는 방법을 적으시오.

※ 브라운그레이비소스의 들어가는 채소를 적으시오.

※ 브라운그레이비소스의 농도와 수프의 농도의 차이점을
설명하시오.

‒ 만든 후 참고할 점 및 보완할 점 ‒

작품사진

(실습 작품 첨부)

20분

시험시간

Tartar Sauce

타르타르 소스

지급재료

- 마요네즈 70g • 오이피클(개당 25~30g짜리) 1/2개
- 양파(중, 150g 정도) 1/10개 • 파슬리(잎, 줄기 포함) 1줄기
- 달걀 1개 • 소금(정제염) 2g • 흰후춧가루 2g
- 레몬[길이(장축)로 등분] 1/4개
- 식초 2ml

요구사항

※ 주어진 재료를 사용하여 다음과 같이 타르타르 소스를 만드시오.

❶ 다지는 재료는 0.2cm 정도의 크기로 하고 파슬리는 줄기를 제거하여 사용하시오.

❷ 소스는 농도를 잘 맞추어 100ml 이상 제출하시오.

수험자 유의사항

❶ 만드는 순서에 유의하며, 위생과 숙련된 기능평가를 위하여 조리작업 시 맛을 보지 않습니다.

❷ 지정된 수험자 지참 준비물 이외의 조리기구나 재료를 시험장 내에 지참할 수 없습니다.

❸ 지급재료는 시험 전 확인하여 이상이 있을 경우 시험위원으로부터 조치를 받고 시험 중에는 재료의 교환 및 추가 지급은 하지 않습니다.

❹ 요구사항의 규격은 "정도"의 의미를 포함하며, 지급된 재료의 크기에 따라 가감하여 채점합니다.

❺ 위생복, 위생모, 앞치마를 착용하여야 하며, 시험장비 · 조리도구 취급 등 안전에 유의합니다.

❻ 다음 사항에 대해서는 채점대상에서 제외하니 특히 유의하시기 바랍니다.

   ㈎ 기권: 수험자 본인이 시험 도중 시험에 대한 포기 의사를 표현하는 경우

   ㈏ 실격

- 가스레인지 화구 2개 이상(2개 포함) 사용한 경우
- 불을 사용하여 만든 조리작품이 작품특성에 벗어나는 정도로 타거나 익지 않은 경우
- 위생복, 위생모, 앞치마를 착용하지 않은 경우
- 시험 중 시설 · 장비(칼, 가스레인지 등) 사용 시 시험위원 및 타 수험자의 시험 진행에 위해를 일으킬 것으로 시험위원 전원이 합의하여 판단한 경우

   ㈐ 미완성

- 시험시간 내에 과제 두 가지를 제출하지 못한 경우
- 문제의 요구사항대로 과제의 수량이 만들어지지 않은 경우

   ㈑ 오작

- 구이를 조림 등으로 조리하여 완성품을 요구사항과 다르게 만든 경우
- 해당 과제의 지급재료 이외의 재료를 사용하거나 석쇠 등 요구사항의 조리도구를 사용하지 않은 경우

   ㈒ 요구사항에 표시된 실격, 미완성, 오작에 해당하는 경우

❼ 항목별 배점은 위생상태 및 안전관리 5점, 조리기술 30점, 작품의 평가 15점입니다.

❽ 시험 시작 전 가벼운 몸풀기(스트레칭) 동작으로 긴장을 풀고 시험을 시작합니다.

만드는 법

❶ 달걀은 12분 정도 완숙으로 삶아서 찬물에서 식힌 후 흰자와 노른자로 분리 하여, 흰자는 0.2cm 크기로 잘게 다져놓고 노른자는 체에 내린다.

❷ 양파와 오이피클도 0.2cm 크기로 다져놓고 파슬리는 곱게 다져 소창에 싸 서 물에 헹군 후 물기를 제거하여 파슬리 가루를 준비한다.

❸ 믹싱볼에 마요네즈를 넣고 다진 양파, 오이피클, 달걀흰자, 달걀노른자, 파 슬리가루 레몬즙, 소금, 후추를 넣고 잘 섞는다. (달걀노른자는 마지막에 넣 어 색깔과 농도를 맞춘다).

❹ 그릇에 타르타르 소스를 담고 파슬리가루를 뿌려 제출한다.

Key Point

• 타르타르 소스는 생선요리 중에서도 주로 튀김요리(생선튀김, 새우튀김)에 사용되는 소스이다.

• 다져서 준비한 재료와 마요네즈의 양을 적절히 혼합하여 소스의 농도를 조절하도록 한다.

• 맛을 더하기 위해 피클주스를 사용하여도 좋다.

• 달걀을 삶을 때 완숙으로 익혀야 소스의 농도가 묽지 않다.

• 각각 재료는 0.2cm 크기로 일정하게 다져야 한다.

• 양파는 소금에 절여야 매운맛이 제거되고 수분도 생기지 않는다.

불합격 원인

• 제출 직전에 파슬리가루를 위에 뿌려 제출할 수 있도록 한다.

• 모든 재료는 0.2cm 크기 정도로 다져서 사용한다.

• 달걀을 삶기 전 물에 소금과 식초를 넣어주면 더 좋고, 마요네즈와 야채를 섞을 때 마요네즈의 양을 유의한다.

• 소금물에 절인 양파 수분제거에 주의한다. 수분제거를 하지 않으면 소스의 농도가 묽어질 수 있다.

※ 타르타르 소스는 주로 어떤 요리에 잘 어울리는지 적으시오.

※ 타르타르 소스의 들어가는 재료를 모두 적으시오.

※ 타르타르 소스의 채소의 물기를 무조건 제거해야 한다.
　제거해야 하는 이유를 적으시오.

– 만든 후 참고할 점 및 보완할 점 –

작품사진

(실습 작품 첨부)

20분
시험시간

Thousand Island Dressing
사우전아일랜드 드레싱

지급재료

- 마요네즈 70g • 오이피클(개당 25~30g짜리) 1/2개
- 양파(중, 150g 정도) 1/6개 • 토마토케첩 20g • 소금(정제염) 2g
- 흰후춧가루 1g • 레몬[길이(장축)로 등분] 1/4개 • 달걀 1개
- 청피망(중, 75g 정도) 1/4개 • 식초 10㎖

요구사항

※ 주어진 재료를 사용하여 다음과 같이 사우전아일랜드 드레싱을 만드시오.

❶ 드레싱은 핑크빛이 되도록 하시오.
❷ 다지는 재료는 0.2cm 정도의 크기로 하시오.
❸ 드레싱은 농도를 잘 맞추어 100㎖ 이상 제출하시오.

수험자 유의사항

❶ 만드는 순서에 유의하며, 위생과 숙련된 기능평가를 위하여 조리작업 시 맛을 보지 않습니다.
❷ 지정된 수험자 지참 준비물 이외의 조리기구나 재료를 시험장 내에 지참할 수 없습니다.
❸ 지급재료는 시험 전 확인하여 이상이 있을 경우 시험위원으로부터 조치를 받고 시험 중에는 재료의 교환 및 추가 지급은 하지 않습니다.
❹ 요구사항의 규격은 "정도"의 의미를 포함하며, 지급된 재료의 크기에 따라 가감하여 채점합니다.
❺ 위생복, 위생모, 앞치마를 착용하여야 하며, 시험장비 · 조리도구 취급 등 안전에 유의합니다.
❻ 다음 사항에 대해서는 채점대상에서 제외하니 특히 유의하시기 바랍니다.
　㉮ 기권: 수험자 본인이 시험 도중 시험에 대한 포기 의사를 표현하는 경우
　㉯ 실격
　　• 가스레인지 화구 2개 이상(2개 포함) 사용한 경우
　　• 불을 사용하여 만든 조리작품이 작품특성에 벗어나는 정도로 타거나 익지 않은 경우
　　• 위생복, 위생모, 앞치마를 착용하지 않은 경우
　　• 시험 중 시설 · 장비(칼, 가스레인지 등) 사용 시 시험위원 및 타 수험자의 시험 진행에 위해를 일으킬 것으로 시험위원 전원이 합의하여 판단한 경우
　㉰ 미완성
　　• 시험시간 내에 과제 두 가지를 제출하지 못한 경우
　　• 문제의 요구사항대로 과제의 수량이 만들어지지 않은 경우
　㉱ 오작
　　• 구이를 조림 등으로 조리하여 완성품을 요구사항과 다르게 만든 경우
　　• 해당 과제의 지급재료 이외의 재료를 사용하거나 석쇠 등 요구사항의 조리도구를 사용하지 않은 경우
　㉲ 요구사항에 표시된 실격, 미완성, 오작에 해당하는 경우
❼ 항목별 배점은 위생상태 및 안전관리 5점, 조리기술 30점, 작품의 평가 15점입니다.
❽ 시험 시작 전 가벼운 몸풀기(스트레칭) 동작으로 긴장을 풀고 시험을 시작합니다.

🍲 만드는 법

❶ 달걀은 12분 정도 완숙으로 삶아서 찬물에서 식힌 후 흰자와 노른자로 분리하여, 흰자는 0.2cm 크기로 잘게 다지고, 노른자는 체에 내려놓는다.

❷ 양파, 청피망은 0.2cm 크기로 다져 소창에 싸서 물에 헹구어 짜서 물기를 제거해놓는다.

❸ 오이피클도 0.2cm 크기로 곱게 다져서 준비한다.

❹ 마요네즈와 토마토케첩을 섞어 소스의 색깔이 핑크빛이 되도록 조절한 뒤 다진 양파, 청피망, 달걀흰자, 달걀노른자를 섞어준 뒤 소금, 후추로 간을 한다. 약 (마요네즈 3 : 케첩 1)

❺ 그릇에 소스를 담아 제출한다.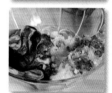

 Key Point

- 재료의 크기는 0.2cm가 되도록 재단한다.
- 마요네즈와 토마토케첩은 3:1 비율로 섞어 연한 핑크색이 되도록 한다.
- 지급재료가 아닌 것을 사용하면 오작이므로 반드시 지급재료를 확인한다.

EX) 사우전아일랜드 드레싱 위에 파슬리 가루를 사용하였을 경우, 파슬리는 지급재료가 아니므로 오작처리된다.

불합격 원인

- 사우전드아일랜드 드레싱의 다지는 재료의 크기가 큰 경우
- 소스의 색깔이 너무 희거나 빨간 경우
- 농도가 너무 묽거나 되직할 경우

다시 한번 알아보는 유의사항 문제

※ 사우전드아일랜드에 들어가는 재료를 쓰시오.

※ 마요네즈와 케첩의 비율을 쓰시오.

※ 달걀이 완숙이 되는 시간을 쓰시오.

- 만든 후 참고할 점 및 보완할 점 -

작품사진

(실습 작품 첨부)

30분

Chicken A'la King

치킨 알라킹

지급재료

- 닭다리(한 마리 1.2kg 정도, 허벅지살 포함 반 마리 지급 가능) 1개
- 청피망(중, 75g 정도) 1/4개 • 홍피망(중, 75g 정도) 1/6개
- 양파(중, 150g 정도) 1/6개 • 양송이(2개) 20g
- 버터(무염) 20g • 밀가루(중력분) 15g
- 우유 150ml • 정향 1개 • 생크림(조리용) 20ml
- 소금(정제염) 2g • 흰후춧가루 2g
- 월계수잎 1잎

요구사항

※ 주어진 재료를 사용하여 다음과 같이 치킨 알라킹을 만드시오.

❶ 완성된 닭고기와 채소, 버섯의 크기는 1.8×1.8cm 정도로 균일하게 하시오.
❷ 닭뼈를 이용하여 치킨 육수를 만들어 사용하시오.
❸ 화이트 루(roux)를 이용하여 베샤멜소스(bechamel sauce)를 만들어 사용하시오.

- -

수험자 유의사항

❶ 만드는 순서에 유의하며, 위생과 숙련된 기능평가를 위하여 조리작업 시 맛을 보지 않습니다.
❷ 지정된 수험자 지참 준비물 이외의 조리기구나 재료를 시험장 내에 지참할 수 없습니다.
❸ 지급재료는 시험 전 확인하여 이상이 있을 경우 시험위원으로부터 조치를 받고 시험 중에는 재료의 교환 및 추가 지급은 하지 않습니다.
❹ 요구사항의 규격은 "정도"의 의미를 포함하며, 지급된 재료의 크기에 따라 가감하여 채점합니다.
❺ 위생복, 위생모, 앞치마를 착용하여야 하며, 시험장비·조리도구 취급 등 안전에 유의합니다.
❻ 다음 사항에 대해서는 채점대상에서 제외하니 특히 유의하시기 바랍니다.
　(가) 기권: 수험자 본인이 시험 도중 시험에 대한 포기 의사를 표현하는 경우
　(나) 실격
　　• 가스레인지 화구 2개 이상(2개 포함) 사용한 경우
　　• 불을 사용하여 만든 조리작품이 작품특성에 벗어나는 정도로 타거나 익지 않은 경우
　　• 위생복, 위생모, 앞치마를 착용하지 않은 경우
　　• 시험 중 시설·장비(칼, 가스레인지 등) 사용 시 시험위원 및 타 수험자의 시험 진행에 위해를 일으킬 것으로 시험위원 전원이 합의하여 판단한 경우
　(다) 미완성
　　• 시험시간 내에 과제 두 가지를 제출하지 못한 경우
　　• 문제의 요구사항대로 과제의 수량이 만들어지지 않은 경우
　(라) 오작
　　• 구이를 조림 등으로 조리하여 완성품을 요구사항과 다르게 만든 경우
　　• 해당 과제의 지급재료 이외의 재료를 사용하거나 석쇠 등 요구사항의 조리도구를 사용하지 않은 경우
　(마) 요구사항에 표시된 실격, 미완성, 오작에 해당하는 경우
❼ 항목별 배점은 위생상태 및 안전관리 5점, 조리기술 30점, 작품의 평가 15점입니다.
❽ 시험 시작 전 가벼운 몸풀기(스트레칭) 동작으로 긴장을 풀고 시험을 시작합니다.

만드는 법

❶ 닭고기는 깨끗이 손질하여 살을 발라낸 후 껍질을 제거하고 사방 2cm 크기로 자른다.

❷ 냄비에 닭뼈, 부케가르니(양파에 월계수와 정향을 꽂아 사용)를 넣고 은근하게 끓여 면포에 걸러놓는다.

❸ 양송이는 껍질을 벗겨 웨지로 썰고, 청 · 홍 피망과 양파는 사방 1.8cm 크기로 잘라놓는다.

❹ 팬에 버터와 밀가루를 넣어 화이트 루를 만들어 우유를 부어가며 베샤멜 소스를 만든다.

❺ 팬에 버터를 두르고 닭고기, 양파, 양송이, 청 · 홍 피망을 살짝 볶아낸다.

❻ 소스에 닭고기, 양파, 양송이, 청 · 홍 피망을 넣고 끓이면서 치킨스톡과 생크림으로 농도를 조절하고 소금, 흰 후추로 간을 한다.

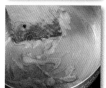

❼ 농도가 나오면 그릇에 담고 제출한다.

🧑‍🍳 Key Point

- 닭살은 익으면 줄어들므로 사방 2cm 크기로 썬다.
- 닭살과 닭뼈는 끓여 치킨스톡을 만든다.
- 닭살은 버터에 볶아야 한다.
- 청피망, 홍피망은 오래 끓이면 변색되므로 주의한다.

불합격 원인

- 소스가 너무 묽거나 되직한 경우
- 닭고기와 야채의 크기가 1.8cm보다 크거나 작을 경우
- 화이트 루가 너무 타서 색이 진한 경우

다시 한번 알아보는 유의사항 문제

※ 치킨 알라킹의 닭고기와 야채의 길이를 쓰시오.

※ 베샤멜 소스에 들어가는 재료를 쓰시오.

※ 베샤멜 소스의 조리과정을 쓰시오.

- 만든 후 참고할 점 및 보완할 점 -

작품사진

(실습 작품 첨부)

30분
시험시간

Chicken Cutlet
치킨 커틀렛

지급재료

- 닭다리(한 마리 1.2kg 정도, 허벅지살 포함 반 마리 지급 가능) 1개 • 달걀 1개
- 밀가루(중력분) 30g • 빵가루(마른 것) 50g • 소금(정제염) 2g
- 검은후춧가루 2g • 식용유 500ml • 냅킨(흰색, 기름제거용) 2장

요구사항

※ 주어진 재료를 사용하여 다음과 같이 치킨 커틀렛을 만드시오.

❶ 닭은 껍질째 사용하시오.
❷ 완성된 커틀렛의 색에 유의하고 두께는 1cm 정도로 하시오.
❸ 딥팻프라이(deep fat frying)로 하시오.

수험자 유의사항

❶ 만드는 순서에 유의하며, 위생과 숙련된 기능평가를 위하여 조리작업 시 맛을 보지 않습니다.
❷ 지정된 수험자 지참 준비물 이외의 조리기구나 재료를 시험장 내에 지참할 수 없습니다.
❸ 지급재료는 시험 전 확인하여 이상이 있을 경우 시험위원으로부터 조치를 받고 시험 중에는 재료의 교환 및 추가 지급은 하지 않습니다.
❹ 요구사항의 규격은 "정도"의 의미를 포함하며, 지급된 재료의 크기에 따라 가감하여 채점합니다.
❺ 위생복, 위생모, 앞치마를 착용하여야 하며, 시험장비 · 조리도구 취급 등 안전에 유의합니다.
❻ 다음 사항에 대해서는 채점대상에서 제외하니 특히 유의하시기 바랍니다.
  ㈎ 기권: 수험자 본인이 시험 도중 시험에 대한 포기 의사를 표현하는 경우
  ㈏ 실격
  - 가스레인지 화구 2개 이상(2개 포함) 사용한 경우
  - 불을 사용하여 만든 조리작품이 작품특성에 벗어나는 정도로 타거나 익지 않은 경우
  - 위생복, 위생모, 앞치마를 착용하지 않은 경우
  - 시험 중 시설 · 장비(칼, 가스레인지 등) 사용 시 시험위원 및 타 수험자의 시험 진행에 위해를 일으킬 것으로 시험위원 전원이 합의하여 판단한 경우
  ㈐ 미완성
  - 시험시간 내에 과제 두 가지를 제출하지 못한 경우
  - 문제의 요구사항대로 과제의 수량이 만들어지지 않은 경우
  ㈑ 오작
  - 구이를 조림 등으로 조리하여 완성품을 요구사항과 다르게 만든 경우
  - 해당 과제의 지급재료 이외의 재료를 사용하거나 석쇠 등 요구사항의 조리도구를 사용하지 않은 경우
  ㈒ 요구사항에 표시된 실격, 미완성, 오작에 해당하는 경우
❼ 항목별 배점은 위생상태 및 안전관리 5점, 조리기술 30점, 작품의 평가 15점입니다.
❽ 시험 시작 전 가벼운 몸풀기(스트레칭) 동작으로 긴장을 풀고 시험을 시작합니다.

만드는 법

❶ 닭다리는 깨끗이 씻어 물기를 제거하고, 뼈를 발라낸다.

❷ 0.8cm 두께로 펼친 후 칼집을 넣어 두드려 주고, 소금과 후추로 간을 한다.

❸ 달걀을 풀어 준비한다.

❹ 닭고기에 밀가루를 묻히고, 달걀물을 묻힌 뒤 빵가루를 고루 묻혀 입혀준다.

❺ 175℃의 튀김기름에 황금색 빛깔이 나도록 노릇노릇하고 바삭하게 튀긴다.

❻ 튀긴 닭고기의 기름을 빼준다.

❼ 접시에 튀긴 커틀렛을 담아 제출한다.

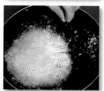

Key Point

- 닭을 뼈에 살이 최대한 붙어있지 않도록 분리한다.
- 닭껍질을 벗겨내면 감점되므로 껍질째 손질하도록 한다.
- 튀김 옷을 입히면 두꺼워지므로, 0.7cm로 포를 떠야 하며, 튀김옷을 순서대로 입혀야 한다.
- 기름 온도는 나무젓가락을 넣어 잔기포가 생기거나, 빵가루를 약간 넣었을 때 지글거리면 적당하다.
- 다른 메뉴의 재료(상추, 레몬)를 사용하여 장식하면 오작이므로 주의한다.

EX) 지급재료가 아닌 상추, 레몬을 사용하면 오작처리된다.

불합격 원인

- 커틀렛을 너무 높은 온도에 튀겨 겉만 색이나고 속은 익지 않는다.
- 커틀렛을 너무 오랫동안 튀겨 겉이 탈 수 있다.
- 힘줄 제거와 칼집을 내지 않으면 커틀렛 모양이 잘 나지 않는다.

※ 치킨 커틀렛의 두께는 몇 cm인지 쓰시오.

※ 치킨 커틀렛을 튀긴 후는 어떤 색인지 쓰시오.

※ 치킨 커틀렛의 조리방법을 쓰시오.

– 만든 후 참고할 점 및 보완할 점 –

작품사진

(실습 작품 첨부)

Beef Stew

비프스튜

지급재료

- 소고기(살코기, 덩어리) 100g
- 당근(둥근 모양이 유지되게 등분) 70g • 양파(중, 150g 정도) 1/4개
- 셀러리 30g • 감자(150g 정도) 1/3개 • 마늘(중, 깐 것) 1쪽
- 토마토 페이스트 20g • 밀가루(중력분) 25g
- 버터(무염) 30g • 소금(정제염) 2g • 검은후춧가루 2g
- 파슬리(잎, 줄기 포함) 1줄기
- 월계수잎 1잎 • 정향 1개

요구사항

※ 주어진 재료를 사용하여 다음과 같이 비프스튜를 만드시오.

❶ 완성된 소고기와 채소의 크기는 1.8cm 정도의 정육면체로 하시오.
❷ 브라운 루(brown roux)를 만들어 사용하시오.
❸ 파슬리 다진 것을 뿌려 내시오.

- -

수험자 유의사항

❶ 만드는 순서에 유의하며, 위생과 숙련된 기능평가를 위하여 조리작업 시 맛을 보지 않습니다.
❷ 지정된 수험자 지참 준비물 이외의 조리기구나 재료를 시험장 내에 지참할 수 없습니다.
❸ 지급재료는 시험 전 확인하여 이상이 있을 경우 시험위원으로부터 조치를 받고 시험 중에는 재료의 교환 및 추가
　지급은 하지 않습니다.
❹ 요구사항의 규격은 "정도"의 의미를 포함하며, 지급된 재료의 크기에 따라 가감하여 채점합니다.
❺ 위생복, 위생모, 앞치마를 착용하여야 하며, 시험장비 · 조리도구 취급 등 안전에 유의합니다.
❻ 다음 사항에 대해서는 채점대상에서 제외하니 특히 유의하시기 바랍니다.
　㉮ 기권: 수험자 본인이 시험 도중 시험에 대한 포기 의사를 표현하는 경우
　㉯ 실격
　　• 가스레인지 화구 2개 이상(2개 포함) 사용한 경우
　　• 불을 사용하여 만든 조리작품이 작품특성에 벗어나는 정도로 타거나 익지 않은 경우
　　• 위생복, 위생모, 앞치마를 착용하지 않은 경우
　　• 시험 중 시설 · 장비(칼, 가스레인지 등) 사용 시 시험위원 및 타 수험자의 시험 진행에 위해를 일
　　　으킬 것으로 시험위원 전원이 합의하여 판단한 경우
　㉰ 미완성
　　• 시험시간 내에 과제 두 가지를 제출하지 못한 경우
　　• 문제의 요구사항대로 과제의 수량이 만들어지지 않은 경우
　㉱ 오작
　　• 구이를 조림 등으로 조리하여 완성품을 요구사항과 다르게 만든 경우
　　• 해당 과제의 지급재료 이외의 재료를 사용하거나 석쇠 등 요구사항의 조리도구를 사용하지 않은
　　　경우
　㉲ 요구사항에 표시된 실격, 미완성, 오작에 해당하는 경우
❼ 항목별 배점은 위생상태 및 안전관리 5점, 조리기술 30점, 작품의 평가 15점입니다.
❽ 시험 시작 전 가벼운 몸풀기(스트레칭) 동작으로 긴장을 풀고 시험을 시작합니다.

만드는 법

❶ 소고기는 사방 2cm 정육면체로 썰어 소금, 후추로 간을 한 후 밀가루를 살짝 묻혀놓는다.

❷ 양파, 당근, 셀러리, 감자는 1.8cm의 정육면체로 썰어 다듬고, 마늘 다지고, 파슬리는 다져서 소창에 넣고 찬물에 담가 물기를 제거하여 파슬리 가루를 만든다.

❸ 팬에 버터를 넣고 마늘, 양파, 당근, 셀러리, 감자 순으로 볶은 후 소고기를 갈색이 나도록 굽는다.

❹ 냄비에 버터와 밀가루를 넣어 루를 갈색이 나도록 볶아 브라운 루를 만들고 토마토 페이스트를 넣어 약불로 볶아 준 뒤, 육수(물)을 조금씩 넣어가며 덩어리를 풀어주고 부케가르니(월계수잎, 정향)를 넣어 은근히 끓인다.

❺ 고기와 채소를 냄비에 넣고 거품과 기름을 제거하면서 시머링한다. 농도가 나오며 고기가 익으면 부케가르니를 건져낸다.

❻ 소금, 후추 간을 한 뒤 그릇에 비프스튜를 담고 파슬리 가루를 뿌려 제출한다.

Key Point

- 양파, 당근, 감자, 셀러리는 모서리가 둥글게 다듬어야 끓일 때 부서지지 않고 모양이 이쁘다.
- 소고기는 익은 후 수축하므로 요구 사항보다 약간 크게 재단하여야 하며 칼로 연육하여 최대한 수축이 덜 되도록 한다.
- 월계수잎을 건져내지 않고 완성그릇에 담아 제출하면 감점처리 되므로 주의한다.
- 비프스튜의 양은 200ml 이상 내도록 하여야 실격처리 되지 않는다.

불합격 원인

- 고기와 야채의 크기가 크거나 작을 경우
- 브라운 루, 토마토 페이스트를 태워 탄맛이 나는 경우
- 비프스튜의 양이 적은 경우

다시 한번 알아보는 유의사항 문제

※ 비프스튜에 들어가는 고기와 채소의 크기를 쓰시오.

※ 비프스튜에 들어가는 루의 이름을 쓰시오.

※ 비프스튜에 들어가는 채소의 종류를 모두 쓰시오.

– 만든 후 참고할 점 및 보완할 점 –

작품사진

(실습 작품 첨부)

양식조리기능사 실기시험문제

Salisbury Steak
살리스버리 스테이크

지급재료

- 소고기(살코기, 간 것) 130g • 양파(중, 150g 정도) 1/6개 • 달걀 1개
- 우유 10ml • 빵가루(마른 것) 20g • 소금(정제염) 2g • 검은후춧가루 2g
- 식용유 150ml • 감자(150g 정도) 1/2개
- 당근(둥근 모양이 유지되게 등분) 70g
- 시금치 70g • 백설탕 25g • 버터(무염) 50g

🍎 요구사항

※ 주어진 재료를 사용하여 다음과 같이 살리스버리 스테이크를 만
드시오.

❶ 살리스버리 스테이크는 타원형으로 만들어 고기 앞, 뒤의 색을 갈색으로 구우시오.

❷ 더운 채소(당근, 감자, 시금치)를 각각 모양 있게 만들어 곁들여 내시오.

수험자 유의사항

❶ 만드는 순서에 유의하며, 위생과 숙련된 기능평가를 위하여 조리작업 시 맛을 보지 않습니다.

❷ 지정된 수험자 지참 준비물 이외의 조리기구나 재료를 시험장 내에 지참할 수 없습니다.

❸ 지급재료는 시험 전 확인하여 이상이 있을 경우 시험위원으로부터 조치를 받고 시험 중에는 재료의 교환 및 추가
지급은 하지 않습니다.

❹ 요구사항의 규격은 "정도"의 의미를 포함하며, 지급된 재료의 크기에 따라 가감하여 채점합니다.

❺ 위생복, 위생모, 앞치마를 착용하여야 하며, 시험장비 · 조리도구 취급 등 안전에 유의합니다.

❻ 다음 사항에 대해서는 채점대상에서 제외하니 특히 유의하시기 바랍니다.

　㉮ 기권: 수험자 본인이 시험 도중 시험에 대한 포기 의사를 표현하는 경우

　㉯ 실격
- 가스레인지 화구 2개 이상(2개 포함) 사용한 경우
- 불을 사용하여 만든 조리작품이 작품특성에 벗어나는 정도로 타거나 익지 않은 경우
- 위생복, 위생모, 앞치마를 착용하지 않은 경우
- 시험 중 시설 · 장비(칼, 가스레인지 등) 사용 시 시험위원 및 타 수험자의 시험 진행에 위해를 일
　으킬 것으로 시험위원 전원이 합의하여 판단한 경우

　㉰ 미완성
- 시험시간 내에 과제 두 가지를 제출하지 못한 경우
- 문제의 요구사항대로 과제의 수량이 만들어지지 않은 경우

　㉱ 오작
- 구이를 조림 등으로 조리하여 완성품을 요구사항과 다르게 만든 경우
- 해당 과제의 지급재료 이외의 재료를 사용하거나 석쇠 등 요구사항의 조리도구를 사용하지 않은
　경우

　㉲ 요구사항에 표시된 실격, 미완성, 오작에 해당하는 경우

❼ 항목별 배점은 위생상태 및 안전관리 5점, 조리기술 30점, 작품의 평가 15점입니다.

❽ 시험 시작 전 가벼운 몸풀기(스트레칭) 동작으로 긴장을 풀고 시험을 시작합니다.

만드는 법

❶ 감자는 가로 · 세로 1cm 두께와 5cm 길이로 썰어 물어 담가 놓고 당근은 0.5cm 두께로 썰어(캐럿 비쉬) 모양을 만든다.

❷ 양파와 마늘은 곱게 다져 볶아 놓는다. (양파는 시금치용 여분을 조금 남겨 둔다.)

❸ 끓는 물에 소금을 넣고 감자, 당근을 삶고 시금치도 데쳐내어 감자와 당근은 실온에 시금치는 찬물에 헹궈 물기를 제거한다.

❹ 당근은 냄비에 버터, 설탕, 소금을 살짝 넣어 글레이징하여 윤기가 나게 조린다.

❺ 감자는 기름에 튀겨 소금을 살짝 뿌리고, 시금치는 팬에 버터를 두르고 양파와 함께 볶아 준 뒤 소금, 후추로 간을 한다.

❻ 간 소고기, 볶은 양파와 마늘, 푼 달걀물, 빵가루, 우유, 소금, 후추를 넣어 고루 섞어 끈기가 생길 때까지 치댄다.

❼ 고기반죽의 두께는 1.5cm, 길이 13cm 폭 9cm 정도의 럭비공 모양을 만들고 중앙 부분을 살짝 눌러준다.

❽ 팬에 식용유와 버터를 두르고 럭비공 모양의 고기를 약불로 중앙이 솟지 않게 앞 · 뒤로 갈색이 나게 구워준다.

❾ 접시에 더운 야채를 놓고 구운 고기를 중앙에 놓아 제출한다.

 Key Point

- 양파는 시금치 가니쉬, 소고기 양념에 각각 나눠 사용한다.
- 고기는 표면이 매끈해야 한다. 양파는 곱게 다져 볶고, 양념한 소고기는 충분히 치대며, 가장자리가 갈라지지 않도록 다듬는다.
- 고기는 익으면 가운데는 부풀고 크기가 줄어들기 때문에 완성 스테이크보다 약간 크고 얇게 성형한다.

불합격 원인

- 고기가 안 익었거나 탔을 경우 재료가 익지 않았으므로 감점처리된다.
- 감자의 길이가 안 될 경우
- 당근 글레이징이 되지 않았을 경우

다시 한번 알아보는 유의사항 문제

※ 살리스버리스테이크에 들어가는 감자의 길이를 쓰시오.

※ 고기 반죽에 들어가는 재료를 쓰시오.

※ 당근 모양의 이름과 글레이징에 들어가는 재료를 쓰 시오.

- 만든 후 참고할 점 및 보완할 점 -

작품사진

(실습 작품 첨부)

Sirloin Steak

서로인 스테이크

지급재료
- 소고기(등심, 덩어리) 200g • 감자(150g 정도) 1/2개
- 당근(둥근 모양이 유지되게 등분) 70g • 시금치 70g • 소금(정제염) 2g
- 검은후춧가루 1g • 식용유 150ml • 버터(무염) 50g
- 백설탕 25g
- 양파(중, 150g 정도) 1/6개

요구사항

※ 주어진 재료를 사용하여 다음과 같이 서로인 스테이크를 만드시오.

❶ 스테이크는 미디엄(medium)으로 구우시오.

❷ 더운 채소(당근, 감자, 시금치)를 각각 모양 있게 만들어 함께 내시오.

수험자 유의사항

❶ 만드는 순서에 유의하며, 위생과 숙련된 기능평가를 위하여 조리작업 시 맛을 보지 않습니다.

❷ 지정된 수험자 지참 준비물 이외의 조리기구나 재료를 시험장 내에 지참할 수 없습니다.

❸ 지급재료는 시험 전 확인하여 이상이 있을 경우 시험위원으로부터 조치를 받고 시험 중에는 재료의 교환 및 추가 지급은 하지 않습니다.

❹ 요구사항의 규격은 "정도"의 의미를 포함하며, 지급된 재료의 크기에 따라 가감하여 채점합니다.

❺ 위생복, 위생모, 앞치마를 착용하여야 하며, 시험장비 · 조리도구 취급 등 안전에 유의합니다.

❻ 다음 사항에 대해서는 채점대상에서 제외하니 특히 유의하시기 바랍니다.

   (가) 기권: 수험자 본인이 시험 도중 시험에 대한 포기 의사를 표현하는 경우

   (나) 실격

- 가스레인지 화구 2개 이상(2개 포함) 사용한 경우
- 불을 사용하여 만든 조리작품이 작품특성에 벗어나는 정도로 타거나 익지 않은 경우
- 위생복, 위생모, 앞치마를 착용하지 않은 경우
- 시험 중 시설 · 장비(칼, 가스레인지 등) 사용 시 시험위원 및 타 수험자의 시험 진행에 위해를 일으킬 것으로 시험위원 전원이 합의하여 판단한 경우

   (다) 미완성

- 시험시간 내에 과제 두 가지를 제출하지 못한 경우
- 문제의 요구사항대로 과제의 수량이 만들어지지 않은 경우

   (라) 오작

- 구이를 조림 등으로 조리하여 완성품을 요구사항과 다르게 만든 경우
- 해당 과제의 지급재료 이외의 재료를 사용하거나 석쇠 등 요구사항의 조리도구를 사용하지 않은 경우

   (마) 요구사항에 표시된 실격, 미완성, 오작에 해당하는 경우

❼ 항목별 배점은 위생상태 및 안전관리 5점, 조리기술 30점, 작품의 평가 15점입니다.

❽ 시험 시작 전 가벼운 몸풀기(스트레칭) 동작으로 긴장을 풀고 시험을 시작합니다.

만드는 법

❶ 등심은 손질한 후 소금, 후추를 뿌려 간을 한다.

❷ 감자는 가로 · 세로 1cm 두께와 5cm 길이로 썰어 물에 담가 놓고 당근은 0.5cm 두께로 썰어 (캐럿 비쉬) 모양을 만든다.

❸ 양파와 마늘은 곱게 다져 볶아 놓는다. (양파는 시금치용 여분을 조금 남겨 둔다.)

❹ 끓는 물에 소금을 넣고 감자, 당근을 삶고 시금치도 데쳐내어 감자와 당근은 실온에 시금치는 찬물에 헹궈 물기를 제거한다.

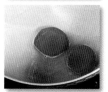

❺ 당근은 냄비에 버터, 설탕, 소금을 살짝 넣어 글레이징하여 윤기가 나게 조린다.

❻ 감자는 기름에 튀겨 소금을 살짝 뿌리고, 시금치는 팬에 버터를 두르고 양파와 함께 볶아 준 뒤 소금, 후추로 간을 한다.

❼ 팬에 식용유와 버터를 두르고 고기를 앞 · 뒤로 갈색이 나게 미디엄으로 익혀 준다.

❽ 접시에 더운 야채를 놓고 구운 등심을 중앙에 놓아 제출한다.

🧢 Key Point

- 소고기는 힘줄을 끊어주고 칼로 두들겨 연육을 해야 구운 후 수축이 덜 된다.
- 처음엔 강불로 앞, 뒤를 구워야 육즙이 빠져나오지 않으며 중불로 줄여 속이 미디엄으로 익도록 한다.
- 완성 접시에 가니쉬 야채부터 담고 소고기는 나중에 구워 올린다.
- 야채 가니쉬는 유의사항에 맞게 재단하여야 한다.

불합격 원인

- 고기가 레어, 웰던으로 구워질 경우 유의사항에 맞지 않아 감점처리된다.
- 감자에 길이가 안 될 경우 감점처리된다.
- 당근 글레이징이 안 됐을 경우 감점처리된다.

※ 서로인 스테이크에 들어가는 감자의 길이를 쓰시오.

※ 더운 야채 중 시금치에 관한 조리방법을 쓰시오.

※ 당근 모양의 이름과 글레이징에 들어가는 재료를 쓰시오.

– 만든 후 참고할 점 및 보완할 점 –

작품사진

(실습 작품 첨부)

Barbecued Pork Chop

바비큐 폭찹

40분

시험시간

지급재료

- 돼지갈비(살 두께 5cm 이상, 뼈를 포함한 길이 10cm) 200g
- 토마토케첩 30g • 우스터 소스 5ml • 황설탕 10g • 양파(중, 150g 정도) 1/4개
- 소금(정제염) 2g • 검은후춧가루 2g • 셀러리 30g
- 핫소스 5ml • 버터(무염) 10g • 식초 10ml • 월계수잎 1잎
- 밀가루(중력분) 10g • 레몬[길이(장축)로 등분] 1/6개
- 마늘(중, 깐 것) 1쪽
- 비프스톡(육수)(물로 대체 가능) 200ml • 식용유 30ml

요구사항

※ 주어진 재료를 사용하여 다음과 같이 바비큐 폭찹을 만드시오.

❶ 고기는 뼈가 붙은 채로 사용하고 고기의 두께는 1cm 정도로 하시오.

❷ 양파, 셀러리, 마늘은 다져 소스로 만드시오.

❸ 완성된 소스는 농도에 유의하고 윤기가 나도록 하시오.

수험자 유의사항

❶ 만드는 순서에 유의하며, 위생과 숙련된 기능평가를 위하여 조리작업 시 맛을 보지 않습니다.

❷ 지정된 수험자 지참 준비물 이외의 조리기구나 재료를 시험장 내에 지참할 수 없습니다.

❸ 지급재료는 시험 전 확인하여 이상이 있을 경우 시험위원으로부터 조치를 받고 시험 중에는 재료의 교환 및 추가 지급은 하지 않습니다.

❹ 요구사항의 규격은 "정도"의 의미를 포함하며, 지급된 재료의 크기에 따라 가감하여 채점합니다.

❺ 위생복, 위생모, 앞치마를 착용하여야 하며, 시험장비 · 조리도구 취급 등 안전에 유의합니다.

❻ 다음 사항에 대해서는 채점대상에서 제외하니 특히 유의하시기 바랍니다.

　㉮ 기권: 수험자 본인이 시험 도중 시험에 대한 포기 의사를 표현하는 경우

　㉯ 실격

- 가스레인지 화구 2개 이상(2개 포함) 사용한 경우
- 불을 사용하여 만든 조리작품이 작품특성에 벗어나는 정도로 타거나 익지 않은 경우
- 위생복, 위생모, 앞치마를 착용하지 않은 경우
- 시험 중 시설 · 장비(칼, 가스레인지 등) 사용 시 시험위원 및 타 수험자의 시험 진행에 위해를 일으킬 것으로 시험위원 전원이 합의하여 판단한 경우

　㉰ 미완성

- 시험시간 내에 과제 두 가지를 제출하지 못한 경우
- 문제의 요구사항대로 과제의 수량이 만들어지지 않은 경우

　㉱ 오작

- 구이를 조림 등으로 조리하여 완성품을 요구사항과 다르게 만든 경우
- 해당 과제의 지급재료 이외의 재료를 사용하거나 석쇠 등 요구사항의 조리도구를 사용하지 않은 경우

　㉲ 요구사항에 표시된 실격, 미완성, 오작에 해당하는 경우

❼ 항목별 배점은 위생상태 및 안전관리 5점, 조리기술 30점, 작품의 평가 15점입니다.

❽ 시험 시작 전 가벼운 몸풀기(스트레칭) 동작으로 긴장을 풀고 시험을 시작합니다.

만드는 법

❶ 돼지갈비는 기름 부분을 제거하고 뼈에 살을 붙여 고기를 길게 편 다음, 칼
  집을 넣어주고 소금, 후추를 뿌려 밑간을 한다.

❷ 마늘, 양파, 셀러리는 0.2cm 정도로 곱게 다진다.

❸ 밑간을 한 돼지갈비를 앞·뒤로 밀가루를 묻힌 후 팬에 식용유와 버터를 두
  르고 뒤집어가며 노릇하게 구워준다.

❹ 소스팬에 버터를 넣어 가열하고 다진 마늘, 양파, 셀러리 순으로 넣어 볶은
  후 식초와 황설탕을 넣고 졸인 뒤, 토마토케첩을 넣어 볶아준 다음 우스터
  소스, 핫소스, 월계수잎, 레몬즙, 물을 넣어 살짝 끓여준다.

❺ 만들어 놓은 소스냄비에 고기를 넣고 익을 때 까지 뒤집어주면서 끓여준다.

❻ 고기가 익으면 월계수잎을 건져낸 뒤 접시에 바비큐 폭찹을 담고 소스를 뿌
  려 제출한다.

🧢 Key Point

- 돼지갈비는 핏물을 제거해야 누린내가 나지 않는다.
- 갈비뼈가 떨어지면 감점이므로 갈비뼈가 붙어있도록 포를 뜬다.
- 조릴 때 돼지갈비를 뒤적이면 밀가루 옷이 벗겨지므로 소스를 끼얹어가며 조린다.
- 지급재료가 아닌 것을 사용하면 바로 오작이므로 반드시 지급재료를 확인한다.

EX) 완성된 바비큐 폭찹 위에 파슬리를 뿌릴 경우. (파슬리는 지급재료가 아니므로 오작처리된다.)

불합격 원인

- 돼지갈비가 익지 않았을 경우 재료가 익지 않았으므로 오작처리된다.
- 소스를 너무 졸여 소스에 탄맛이 날 경우
- 소스에 재료를 순차적으로 넣지 않아 소스의 맛이 달라질 경우

※ 바비큐 폭찹에 칼집을 넣는 이유를 쓰시오.

※ 바비큐 폭찹에 들어가는 소스의 재료를 쓰시오.

※ 바비큐 폭찹에 들어가는 소스의 만드는 방법을 쓰시오.

– 만든 후 참고할 점 및 보완할 점 –

작품사진

(실습 작품 첨부)

40분
시험시간

Beef Consomme
비프콘소메

지급재료

- 소고기(살코기, 간 것) 70g • 양파(중, 150g 정도) 1개
- 당근(둥근 모양이 유지되게 등분) 40g • 셀러리 30g
- 달걀 1개 • 소금(정제염) 2g • 검은후춧가루 2g • 검은통후추 1개
- 파슬리(잎, 줄기 포함) 1줄기 • 월계수잎 1잎 • 토마토(중, 150g 정도) 1/4개
- 비프스톡(육수)(물로 대체 가능) 500ml • 정향 1개

요구사항

※ 주어진 재료를 사용하여 다음과 같이 **비프 콩소메**를 만드시오.

❶ 어니언 브루리(onion brulee)를 만들어 사용하시오.
❷ 양파를 포함한 채소는 채 썰어 향신료, 소고기, 달걀흰자 머랭과 함께 섞어 사용하시오.
❸ 수프는 맑고 갈색이 되도록 하여 200ml 이상 제출하시오.

수험자 유의사항

❶ 만드는 순서에 유의하며, 위생과 숙련된 기능평가를 위하여 조리작업 시 맛을 보지 않습니다.
❷ 지정된 수험자 지참 준비물 이외의 조리기구나 재료를 시험장 내에 지참할 수 없습니다.
❸ 지급재료는 시험 전 확인하여 이상이 있을 경우 시험위원으로부터 조치를 받고 시험 중에는 재료의 교환 및 추가 지급은 하지 않습니다.
❹ 요구사항의 규격은 "정도"의 의미를 포함하며, 지급된 재료의 크기에 따라 가감하여 채점합니다.
❺ 위생복, 위생모, 앞치마를 착용하여야 하며, 시험장비·조리도구 취급 등 안전에 유의합니다.
❻ 다음 사항에 대해서는 채점대상에서 제외하니 특히 유의하시기 바랍니다.
　㈎ 기권: 수험자 본인이 시험 도중 시험에 대한 포기 의사를 표현하는 경우
　㈏ 실격
　　• 가스레인지 화구 2개 이상(2개 포함) 사용한 경우
　　• 불을 사용하여 만든 조리작품이 작품특성에 벗어나는 정도로 타거나 익지 않은 경우
　　• 위생복, 위생모, 앞치마를 착용하지 않은 경우
　　• 시험 중 시설·장비(칼, 가스레인지 등) 사용 시 시험위원 및 타 수험자의 시험 진행에 위해를 일으킬 것으로 시험위원 전원이 합의하여 판단한 경우
　㈐ 미완성
　　• 시험시간 내에 과제 두 가지를 제출하지 못한 경우
　　• 문제의 요구사항대로 과제의 수량이 만들어지지 않은 경우
　㈑ 오작
　　• 구이를 조림 등으로 조리하여 완성품을 요구사항과 다르게 만든 경우
　　• 해당 과제의 지급재료 이외의 재료를 사용하거나 석쇠 등 요구사항의 조리도구를 사용하지 않은 경우
　㈒ 요구사항에 표시된 실격, 미완성, 오작에 해당하는 경우
❼ 항목별 배점은 위생상태 및 안전관리 5점, 조리기술 30점, 작품의 평가 15점입니다.
❽ 시험 시작 전 가벼운 몸풀기(스트레칭) 동작으로 긴장을 풀고 시험을 시작합니다.

만드는 법

❶ 지급받은 양파 1/4 정도를 떼어내어 슬라이스하여 팬에 열을 가한 후, 기름 은 사용하지 않고 어니언 브루리를 만든다.

❷ 나머지 양파와 당근, 셀러리는 얇게 슬라이스하고 토마토는 껍질과 씨를 제 거하여 슬라이스 한다. 다진 고기가 지급되지 않은 경우 고기를 칼로 다진다.

❸ 믹싱볼에 달걀흰자를 넣고 거품기를 이용하여 최고 부피가 될 때까지 휘핑 한다.

❹ 냄비에 슬라이스한 채소와 달걀흰자를 혼합하고, 달걀흰자 거품이 죽지 않 게 부드럽게 섞어주고 육수나 물을 붓는다.

❺ 진한 갈색으로 구웠던 어니언 브루리와 부케가르니(정향, 월계수잎, 통후추, 파슬리 줄기)를 넣고 끓여준다.

❻ 끓어오르기 전까지 나무주걱으로 계속 저어주고 끓기 시작하면 불을 3단계 로 3번에 걸쳐 약하게 줄이고 가운데 부분을 구멍내어 이물질을 제거해주고 어니언 브루리를 올려 시머링 한다.

❼ 국물이 맑고 투명하게 되면 체와 소창을 이용하여 걸러주고 소금, 검은후춧 가루로 간을 하여 수프볼에 담아 제출한다.

🧑‍🍳 Key Point

- 콘소메(Consomme)는 대표적인 맑은 수프이다. 맑은 국물을 만들기 위해서는 달걀흰자를 충분히 휘핑하 여 재료와 함께 잘 섞어준 다음, 끓여주는 것이 중요하다. 달걀흰자는 국물에서 나오는 지저분한 이물질을 흡수하여 제거하는 역할을 한다. 또한 뗏목이 깨지지 않도록 불조절에 유의하여야 한다.
- 양파를 진한 갈색이 나도록 구워야 갈색의 콘소메를 만들 수 있다.
- 맑고 갈색이 나도록 처음 센불에서 중불로 끓어오르면 약불로 끓여야 한다.
- 소고기 핏물을 제거해야 수프색이 탁하지 않다.
- 달걀흰자 거품은 볼에 물기가 묻어있지 않아야 한다.
- 끓이면서 흰자 거품 중간에 도넛모양으로 구멍을 내야 불순물이 잘 제거되어 수프가 맑게 나온다.

불합격 원인

- 콘소메 수프는 대표적인 맑은 수프인데 수프가 맑지 않고 탁하게 나올 경우를 유의한다.
- 어니언 브루리를 할 때 양파가 타지 않도록 유의한다.
- 콘소메 수프는 "수프"이므로 스톡과 다르게 소금간을 하여야 한다.

※ 어니언 브루리 조리과정에 대해 설명하시오.

※ 수프를 끓일 때 불순물을 거르기 위하여 무슨방법을 썼는지 설명하시오.

※ 완성된 수프의 양은 몇 ml를 내야 하는지 적으시오.

– 만든 후 참고할 점 및 보완할 점 –

작품사진

(실습 작품 첨부)

30분
시험시간

Minestrone Soup
미네스트로니 수프

🧂 지급재료

- 양파(중, 150g 정도) 1/4개 • 셀러리 30g
- 당근 40g(둥근 모양이 유지되게 등분) • 무 10g • 양배추 40g
- 버터(무염) 5g • 스트링빈스(냉동, 채두 대체 가능) 2줄기
- 완두콩 5알 • 토마토(중, 150g 정도) 1/8개 • 스파게티 2가닥
- 토마토 페이스트 15g • 파슬리(잎, 줄기 포함) 1줄기
- 베이컨(길이 25~30cm) 1/2조각 • 마늘(중, 깐 것) 1쪽
- 소금(정제염) 2g • 검은후춧가루 2g
- 치킨 스톡(물로 대체 가능) 200ml • 월계수잎 1잎 • 정향 1개

🍲 요구사항

※ 주어진 재료를 사용하여 다음과 같이 미네스트로니 수프를 만드시오.

❶ 채소는 사방 1.2cm, 두께 0.2cm 정도로 써시오.

❷ 스트링빈스, 스파게티는 1.2cm 정도의 길이로 써시오.

❸ 국물과 고형물의 비율을 3:1로 하시오.

❹ 전체 수프의 양은 200ml 이상으로 하고 파슬리 가루를 뿌려내시오.

수험자 유의사항

❶ 만드는 순서에 유의하며, 위생과 숙련된 기능평가를 위하여 조리작업 시 맛을 보지 않습니다.

❷ 지정된 수험자 지참 준비물 이외의 조리기구나 재료를 시험장 내에 지참할 수 없습니다.

❸ 지급재료는 시험 전 확인하여 이상이 있을 경우 시험위원으로부터 조치를 받고 시험 중에는 재료의 교환 및 추가 지급은 하지 않습니다.

❹ 요구사항의 규격은 "정도"의 의미를 포함하며, 지급된 재료의 크기에 따라 가감하여 채점합니다.

❺ 위생복, 위생모, 앞치마를 착용하여야 하며, 시험장비 · 조리도구 취급 등 안전에 유의합니다.

❻ 다음 사항에 대해서는 채점대상에서 제외하니 특히 유의하시기 바랍니다.

　(가) 기권: 수험자 본인이 시험 도중 시험에 대한 포기 의사를 표현하는 경우

　(나) 실격
- 가스레인지 화구 2개 이상(2개 포함) 사용한 경우
- 불을 사용하여 만든 조리작품이 작품특성에 벗어나는 정도로 타거나 익지 않은 경우
- 위생복, 위생모, 앞치마를 착용하지 않은 경우
- 시험 중 시설 · 장비(칼, 가스레인지 등) 사용 시 시험위원 및 타 수험자의 시험 진행에 위해를 일으킬 것으로 시험위원 전원이 합의하여 판단한 경우

　(다) 미완성
- 시험시간 내에 과제 두 가지를 제출하지 못한 경우
- 문제의 요구사항대로 과제의 수량이 만들어지지 않은 경우

　(라) 오작
- 구이를 조림 등으로 조리하여 완성품을 요구사항과 다르게 만든 경우
- 해당 과제의 지급재료 이외의 재료를 사용하거나 석쇠 등 요구사항의 조리도구를 사용하지 않은 경우

　(마) 요구사항에 표시된 실격, 미완성, 오작에 해당하는 경우

❼ 항목별 배점은 위생상태 및 안전관리 5점, 조리기술 30점, 작품의 평가 15점입니다.

❽ 시험 시작 전 가벼운 몸풀기(스트레칭) 동작으로 긴장을 풀고 시험을 시작합니다.

만드는 법

❶ 스파게티는 끓는물에 넣어 약 10분 정도 삶아낸다.

❷ 마늘은 다지고, 파슬리는 곱게 다져 소창에 싸서 물에 헹궈 물기를 제거하여 파슬리가루를 만든다.

❸ 양파, 셀러리, 당근, 양배추, 무는 사방 1.2×1.2cm 두께는 0.2cm로 썰어 놓는다.

❹ 베이컨은 1.2×1.2cm로 썰어 데쳐 기름기를 제거한다.

❺ 토마토는 껍질과 씨를 제거하고 채소 크기로 자르고, 스파게티는 1.2cm로 자른다.

❻ 냄비에 버터를 넣고 마늘과 베이컨을 볶다가 단단한 채소 순으로 넣어 볶은 다음, 토마토 페이스트를 넣고 약불에서 볶아주다가 육수와 부케가르니(월계수잎, 정향, 파슬리줄기)를 넣고 거품과 기름을 걷어내면서 은은하게 끓인다.

❼ 스파게티와 스트링빈스를 넣어 다시 한 번 끓여주고, 부케가르니를 건져내고 소금, 후추로 간을 한다.

❽ 수프를 그릇에 담고 파슬리가루를 뿌려 제출한다.

Key Point

- 미네스트로니(Minstrone)는 이탈리아의 대표적인 채소 수프로, 토마토를 비롯한 각종 채소와 스파게티가 들어가는 수프이다.
- 채소의 크기를 일정하게 자르고, 수프를 끓이면서 거품을 제거해야 풍미가 좋아진다.
- 수프의 농도는 냄비에 끓일 때보다 접시에 담으면 약간 걸쭉해지기 때문에 농도에 주의해야 한다.
- 수프를 끓일 때 생기는 거품은 걷어내야 맑은 수프를 낼 수 있다.
- 국물과 고형물의 비율이 3:1이 되도록 한다.

불합격 원인

- 채소의 크기가 일정하지 않고, 수프를 끓이면서 거품을 제거하지 않아 농도가 탁하고 기름기가 뜰 경우를 유의한다.
- 스파게티면을 익었는지 한번 더 확인하고 수프를 만들어내야 한다.
- 재료의 종류가 다양하므로 먼저 재료를 분류하여 누락되는 것이 없도록 한다.

※ 미네스트로니 수프에 들어가는 채소와 채소 써는 방법을
　 적으시오.

※ 미네스트로니 수프를 끓이면서 거품과 불순물이 떠오르
　 는데 이를 제거하는 과정을 무슨 조리법인지 적으시오.

※ 미네스트로니 수프에 국물과 고형물의 비율을 적으시오.

– 만든 후 참고할 점 및 보완할 점 –

작품사진

(실습 작품 첨부)

30분
시험시간

Fish Chowder Soup

피시 차우더 수프

지급재료

- 대구살(해동 지급) 50g • 감자(150g 정도) 1/4개
- 베이컨(길이 25~30cm) 1/2조각 • 양파(중, 150g 정도) 1/6개
- 셀러리 30g • 버터(무염) 20g • 밀가루(중력분) 15g
- 우유 200ml • 소금(정제염) 2g • 흰후춧가루 2g
- 정향 1개 • 월계수잎 1잎

요구사항

※ 주어진 재료를 사용하여 다음과 같이 피시 차우더 수프를 만드시오.

❶ 차우더 수프는 화이트 루(roux)를 이용하여 농도를 맞추시오.
❷ 채소는 0.7×0.7×0.1cm, 생선은 1×1×1cm 정도 크기로 써시오.
❸ 대구살을 이용하여 생선스톡을 만들어 사용하시오.
❹ 수프는 200ml 이상으로 제출하시오.

수험자 유의사항

❶ 만드는 순서에 유의하며, 위생과 숙련된 기능평가를 위하여 조리작업 시 맛을 보지 않습니다.
❷ 지정된 수험자 지참 준비물 이외의 조리기구나 재료를 시험장 내에 지참할 수 없습니다.
❸ 지급재료는 시험 전 확인하여 이상이 있을 경우 시험위원으로부터 조치를 받고 시험 중에는 재료의 교환 및 추가 지급은 하지 않습니다.
❹ 요구사항의 규격은 "정도"의 의미를 포함하며, 지급된 재료의 크기에 따라 가감하여 채점합니다.
❺ 위생복, 위생모, 앞치마를 착용하여야 하며, 시험장비 · 조리도구 취급 등 안전에 유의합니다.
❻ 다음 사항에 대해서는 채점대상에서 제외하니 특히 유의하시기 바랍니다.
　㈎ 기권: 수험자 본인이 시험 도중 시험에 대한 포기 의사를 표현하는 경우
　㈏ 실격
　　• 가스레인지 화구 2개 이상(2개 포함) 사용한 경우
　　• 불을 사용하여 만든 조리작품이 작품특성에 벗어나는 정도로 타거나 익지 않은 경우
　　• 위생복, 위생모, 앞치마를 착용하지 않은 경우
　　• 시험 중 시설 · 장비(칼, 가스레인지 등) 사용 시 시험위원 및 타 수험자의 시험 진행에 위해를 일으킬 것으로 시험위원 전원이 합의하여 판단한 경우
　㈐ 미완성
　　• 시험시간 내에 과제 두 가지를 제출하지 못한 경우
　　• 문제의 요구사항대로 과제의 수량이 만들어지지 않은 경우
　㈑ 오작
　　• 구이를 조림 등으로 조리하여 완성품을 요구사항과 다르게 만든 경우
　　• 해당 과제의 지급재료 이외의 재료를 사용하거나 석쇠 등 요구사항의 조리도구를 사용하지 않은 경우
　㈒ 요구사항에 표시된 실격, 미완성, 오작에 해당하는 경우
❼ 항목별 배점은 위생상태 및 안전관리 5점, 조리기술 30점, 작품의 평가 15점입니다.
❽ 시험 시작 전 가벼운 몸풀기(스트레칭) 동작으로 긴장을 풀고 시험을 시작합니다.

만드는 법

❶ 생선살을 사방 1.2cm 크기로 잘라서 냄비에 찬물 2~3컵을 붓고, 생선살을 넣고 익힌 후 생선살은 건져내어 두고 국물은 걸러서 생선육수로 사용한다.

❷ 양파, 감자, 셀러리는 0.7×0.7×0.1cm로 썰고, 감자는 물에 담가놓는다.

❸ 팬에 버터를 두르고 양파, 셀러리, 감자 순으로 살짝 볶아낸다.

❹ 베이컨은 1cm 크기로 썰어 끓는물에 살짝 데쳐서 기름기를 제거한다.

❺ 냄비에 버터와 밀가루를 넣고 약한 불에서 볶아 화이트 루(White Roux)에 생선육수를 조금씩 넣어가며 덩어리가 생기지 않도록 풀어준 다음, 월계수 잎과 정향을 넣고 끓여준다. (몽우리가 풀어지지 않을 때는 체에 내려서 풀어주고 다시 끓인다.)

❻ 농도가 생기면 데친 베이컨과 볶아 놓았던 양파, 셀러리, 감자를 순서대로 넣고 끓이다가 우유를 넣고 은근히 끓인다.

❼ 월계수잎과 정향을 꺼내고, 생선살을 넣고 소금, 흰후추로 간을 한 후 수프 볼에 200ml 이상으로 담아낸다.

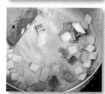
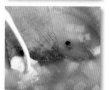

🍳 Key Point

- 화이트 루(White Roux)는 버터와 밀가루 비율을 1:1로 하여 볶는다. (갈색이 되지 않도록 약간만 볶아준다.)
- 감자는 쉽게 부서지기 때문에 다른 채소를 먼저 넣어준 다음 마지막에 감자를 넣어 익혀주고, 생선살은 익혀놓았던 상태이기 때문에 부서지기 쉬우므로 맨 마지막에 넣고 나무주걱으로 부드럽게 저어주면서 한 번 끓으면 간을 하여 마무리한다.
- 차우더 수프(Chowder Soup)는 주로 해산물을 주재료로 하여 걸쭉하게 끓인 미국풍의 수프이다.
- 생선살은 익으면 크기가 줄어들므로 요구사항보다 약간 크게 썰어 준비한다.
- 생선을 데친 물은 피시스톡(Fish Stock)으로 사용한다.
- 이미 익은 생선살은 완성 직전에 넣어야 모양이 부서지지 않고 유지된다.

불합격 원인

- 화이트 루를 볶을 때 약불에서 색이 나지 않도록 루를 볶는 데 유의한다.
- 생선살은 잘 부서지기 쉬우므로 맨 마지막에 넣고 부서지지 않도록 주의한다.
- 피시차우더수프의 양은 200ml 이상 내도록 한번 더 확인한다.
- 생선살은 익으면 수축하는 것을 감안하고 유의사항에 맞게 재단하여야 한다.

다시 한번 알아보는 유의사항 문제

※ 루(Roux) 종류는 3가지이다. 3가지 루의 종류와 만드는
　 방법을 설명하시오.

※ 피시차우더 수프는 주로 무엇을 주재료로 사용하여 만드
　 는지 설명하시오.

※ 피시차우더 수프에 들어가는 육수(Stock)의 종류를 설명
　 하시오.

– 만든 후 참고할 점 및 보완할 점 –

작품사진

(실습 작품 첨부)

25분

시험시간

French Fried Shrimp

프렌치 프라이드 쉬림프

🧂 지급재료

- 새우(50~60g) 4마리 • 밀가루(중력분) 80g • 백설탕 2g
- 달걀 1개 • 소금(정제염) 2g • 흰후춧가루 2g • 식용유 500ml
- 레몬[길이(장축)로 등분] 1/6개
- 파슬리(잎, 줄기 포함) 1줄기
- 냅킨(흰색, 기름제거용) 2장
- 이쑤시개 1개

🍳 요구사항

※ 주어진 재료를 사용하여 다음과 같이 프렌치 프라이드 쉬림프를 만드시오.

❶ 새우는 꼬리 쪽에서 1마디 정도 껍질을 남겨 구부러지지 않게 튀기시오.

❷ 새우튀김은 4개를 제출하시오.

❸ 레몬과 파슬리를 곁들이시오.

수험자 유의사항

❶ 만드는 순서에 유의하며, 위생과 숙련된 기능평가를 위하여 조리작업 시 맛을 보지 않습니다.

❷ 지정된 수험자 지참 준비물 이외의 조리기구나 재료를 시험장 내에 지참할 수 없습니다.

❸ 지급재료는 시험 전 확인하여 이상이 있을 경우 시험위원으로부터 조치를 받고 시험 중에는 재료의 교환 및 추가 지급은 하지 않습니다.

❹ 요구사항의 규격은 "정도"의 의미를 포함하며, 지급된 재료의 크기에 따라 가감하여 채점합니다.

❺ 위생복, 위생모, 앞치마를 착용하여야 하며, 시험장비 · 조리도구 취급 등 안전에 유의합니다.

❻ 다음 사항에 대해서는 채점대상에서 제외하니 특히 유의하시기 바랍니다.

　(개) 기권: 수험자 본인이 시험 도중 시험에 대한 포기 의사를 표현하는 경우

　(내) 실격

　• 가스레인지 화구 2개 이상(2개 포함) 사용한 경우

　• 불을 사용하여 만든 조리작품이 작품특성에 벗어나는 정도로 타거나 익지 않은 경우

　• 위생복, 위생모, 앞치마를 착용하지 않은 경우

　• 시험 중 시설 · 장비(칼, 가스레인지 등) 사용 시 시험위원 및 타 수험자의 시험 진행에 위해를 일으킬 것으로 시험위원 전원이 합의하여 판단한 경우

　(대) 미완성

　• 시험시간 내에 과제 두 가지를 제출하지 못한 경우

　• 문제의 요구사항대로 과제의 수량이 만들어지지 않은 경우

　(래) 오작

　• 구이를 조림 등으로 조리하여 완성품을 요구사항과 다르게 만든 경우

　• 해당 과제의 지급재료 이외의 재료를 사용하거나 석쇠 등 요구사항의 조리도구를 사용하지 않은 경우

　(매) 요구사항에 표시된 실격, 미완성, 오작에 해당하는 경우

❼ 항목별 배점은 위생상태 및 안전관리 5점, 조리기술 30점, 작품의 평가 15점입니다.

❽ 시험 시작 전 가벼운 몸풀기(스트레칭) 동작으로 긴장을 풀고 시험을 시작합니다.

🍲 만드는 법

❶ 파슬리는 깨끗하게 씻어 찬물에 담가 싱싱하게 만든다.

❷ 새우는 머리를 제거하고 꼬리쪽 1마디는 남겨 둔 채 껍질을 벗긴 후 이쑤시개를 이용하여 내장을 제거한다.

❸ 새우를 튀길 때 구부러지지 않도록 배쪽에 칼집을 넣고 툭 소리나게 살짝 눌러준 뒤, 소금, 후추로 간을 한다.

❹ 달걀은 흰자와 노른자를 구분하고 흰자는 거품기로 저어 거품을 만든다.

❺ 밀가루, 달걀노른자, 찬물, 설탕, 소금, 후추를 섞어 먼저 반죽한 후, 거품을 낸 달걀흰자를 튀기기 직전에 2~3T 넣어 반죽을 완성한다.

❻ 새우에 밀가루를 묻히고 반죽을 입혀 175℃ 온도의 기름에서 새우를 튀긴다.

❼ 튀긴 새우는 냅킨에 옮겨 기름을 뺀 후 꼬리부분을 한데 모아 접시의 중앙에 담아주고, 레몬과 파슬리로 장식하여 제출한다.

Key Point

- 새우 꼬리부분 한 마디는 껍질을 남겨야 튀길 때 꼬리가 떨어지지 않는다.
- 흰자 휘핑에 노른자, 이물질, 수분 등이 들어가면 거품이 형성되지 않으므로 깨끗한 볼에 넣어 휘핑한다.
- 새우를 튀길 때 머리쪽부터 넣어주며 머리를 담가놓고 2초 정도 있다가 기름에 넣어주면 일자로 펴진다.
- 새우의 등근육을 손으로 눌러 풀어주며 일자로 만든다.
- 반죽의 농도에 주의한다.

불합격 원인

- 튀긴 새우가 구부러졌을 경우
- 반죽이 너무 묽거나 되직하면 튀김이 잘 나오지 않는다.
- 기름 온도가 너무 높거나 낮은 경우

다시 한번 알아보는 유의사항 문제

※ 프렌치 프라이드 쉬림프가 완성되는 과정을 쓰시오.

※ 프렌치 프라이드 쉬림프 반죽에 들어가는 재료를 쓰시오.

※ 프렌치 프라이드 쉬림프의 튀김온도를 쓰시오.

– 만든 후 참고할 점 및 보완할 점 –

작품사진

(실습 작품 첨부)

30분
시험시간

French Onion Soup
프렌치 어니언 수프

지급재료
- 양파(중, 150g 정도) 1개 • 바게트빵 1조각 • 버터(무염) 20g
- 소금(정제염) 2g • 검은후춧가루 1g • 파르마산 치즈가루 10g
- 백포도주 15㎖ • 마늘(중, 간 것) 1쪽 • 파슬리(잎, 줄기 포함) 1줄기
- 맑은 스톡(비프스톡 또는 콘소메)(물로 대체 가능) 270㎖

요구사항

※ 주어진 재료를 사용하여 다음과 같이 프렌치 어니언 수프를 만드시오.

❶ 양파는 5cm 크기의 길이로 일정하게 써시오.

❷ 바게트빵에 마늘버터를 발라 구워서 따로 담아내시오.

❸ 수프의 양은 200㎖ 이상 제출하시오.

수험자 유의사항

❶ 만드는 순서에 유의하며, 위생과 숙련된 기능평가를 위하여 조리작업 시 맛을 보지 않습니다.

❷ 지정된 수험자 지참 준비물 이외의 조리기구나 재료를 시험장 내에 지참할 수 없습니다.

❸ 지급재료는 시험 전 확인하여 이상이 있을 경우 시험위원으로부터 조치를 받고 시험 중에는 재료의 교환 및 추가 지급은 하지 않습니다.

❹ 요구사항의 규격은 "정도"의 의미를 포함하며, 지급된 재료의 크기에 따라 가감하여 채점합니다.

❺ 위생복, 위생모, 앞치마를 착용하여야 하며, 시험장비 · 조리도구 취급 등 안전에 유의합니다.

❻ 다음 사항에 대해서는 채점대상에서 제외하니 특히 유의하시기 바랍니다.

   ㉮ 기권: 수험자 본인이 시험 도중 시험에 대한 포기 의사를 표현하는 경우

   ㉯ 실격
- 가스레인지 화구 2개 이상(2개 포함) 사용한 경우
- 불을 사용하여 만든 조리작품이 작품특성에 벗어나는 정도로 타거나 익지 않은 경우
- 위생복, 위생모, 앞치마를 착용하지 않은 경우
- 시험 중 시설 · 장비(칼, 가스레인지 등) 사용 시 시험위원 및 타 수험자의 시험 진행에 위해를 일으킬 것으로 시험위원 전원이 합의하여 판단한 경우

   ㉰ 미완성
- 시험시간 내에 과제 두 가지를 제출하지 못한 경우
- 문제의 요구사항대로 과제의 수량이 만들어지지 않은 경우

   ㉱ 오작
- 구이를 조림 등으로 조리하여 완성품을 요구사항과 다르게 만든 경우
- 해당 과제의 지급재료 이외의 재료를 사용하거나 석쇠 등 요구사항의 조리도구를 사용하지 않은 경우

   ㉲ 요구사항에 표시된 실격, 미완성, 오작에 해당하는 경우

❼ 항목별 배점은 위생상태 및 안전관리 5점, 조리기술 30점, 작품의 평가 15점입니다.

❽ 시험 시작 전 가벼운 몸풀기(스트레칭) 동작으로 긴장을 풀고 시험을 시작합니다.

만드는 법

❶ 양파는 양파의 결 방향으로 매우 얇게 슬라이스한다.

❷ 냄비에 버터를 약간 두르고, 녹으면 얇게 슬라이스한 양파를 넣고 중불에서 갈색이 날 때까지 충분히 볶아준다.

❸ 양파를 볶는 과정에서 냄비에 양파가 눌러붙게 되는데, 이때 와인을 약간씩 넣어주면서 볶아주면 더 좋은 갈색양파가 된다.

❹ 볶아준 양파에 소고기육수(물로 대체 가능)을 넣고 끓이면서 떠오르는 불순물을 제거하고 소금, 후추로 간을 한다.

❺ 마늘은 다져서 버터와 잘 섞어 마늘버터를 만든다.

❻ 0.5cm 두께로 썬 바게트빵의 한 면에 마늘버터를 잘 펴서 바르고, 팬에 양면을 굽고 마늘버터를 바른 쪽에 파르마산 치즈를 뿌려 마늘빵을 완성한다.

❼ 파슬리는 잎만 떼어 곱게 다져서 소창에 싸서 물에 헹군 다음, 물기를 제거하여 파슬리가루를 만들어 마늘빵에 뿌려준다.

❽ 수프 볼에 양파수프를 담고 제출하기 직전에 마늘빵을 띄운 후 제출한다.

🧑‍🍳 Key Point

- 양파를 갈색이 나도록 볶는 과정에서 불을 세게 하여 짧은 시간에 볶고자 할 경우, 양파를 태우기 쉽다.(이럴 경우 수프에서 탄 맛이 난다.) 중불에서 서서히 볶아주면서 냄비 바닥에 달라붙을 때 와인이나 물을 조금씩 첨가하면서 갈색으로 색을 내주는 것이 포인트다.
- 바게트빵의 두께가 두꺼우면 수프의 국물을 흡수하여 수프의 양이 줄어들기 때문에, 제출하기 바로 전에 띄운다. 두께는 0.5cm 정도가 적당하다. (시험감독관에 따라 수프에 바게트빵을 띄우지 않고 따로 제출하는 경우도 있어, 상황에 맞게 제출한다.)
- 양파는 속 껍질을 벗겨낸 후 썰어야 냄비에 볶을 때 눌어 붙거나 타지 않는다.
- 양파는 젓가락을 사용하여 볶아야 부서지거나 으깨어지지 않는다.

불합격 원인

- 양파를 갈색이 나도록 볶는 과정에서 태우지 않도록 유의한다.
- 바게트빵을 띄워 제출할 시 바게트빵을 미리 띄우지 않도록 유의한다.
- 양파수프의 양은 200ml 이상을 맞출 수 있도록 한번 더 확인한다.

다시 한번 알아보는 유의사항 문제

※ 마늘버터 만드는 방법을 적으시오.

※ 어니언 수프에서 양파 볶는과정을 설명하시오.

※ 바게트빵은 왜 두껍지 않고 얇아야 하며, 제출하기 바로
   직전에 띄워야 하는지 설명하시오.

- 만든 후 참고할 점 및 보완할 점 -

작품사진

(실습 작품 첨부)

30분
시험시간

Potato Cream Soup
포테이토 크림수프

지급재료

- 감자(200g 정도) 1개 • 대파(흰 부분 10cm) 1토막 • 양파(중, 150g 정도) 1/4개
- 버터(무염) 15g • 치킨 스톡(물로 대체 가능) 270ml
- 생크림(조리용) 20ml • 식빵(샌드위치용) 1조각
- 소금(정제염) 2g • 흰후춧가루 1g • 월계수잎 1잎

요구사항

※ 주어진 재료를 사용하여 다음과 같이 포테이토 크림수프를 만드시오.

❶ 크루통(crouton)의 크기는 사방 0.8~1cm 정도로 만들어 버터에 볶아 수프에 띄우시오.

❷ 익힌 감자는 체에 내려 사용하시오.

❸ 수프의 색과 농도에 유의하고 200ml 이상 제출하시오.

수험자 유의사항

❶ 만드는 순서에 유의하며, 위생과 숙련된 기능평가를 위하여 조리작업 시 맛을 보지 않습니다.

❷ 지정된 수험자 지참 준비물 이외의 조리기구나 재료를 시험장 내에 지참할 수 없습니다.

❸ 지급재료는 시험 전 확인하여 이상이 있을 경우 시험위원으로부터 조치를 받고 시험 중에는 재료의 교환 및 추가 지급은 하지 않습니다.

❹ 요구사항의 규격은 "정도"의 의미를 포함하며, 지급된 재료의 크기에 따라 가감하여 채점합니다.

❺ 위생복, 위생모, 앞치마를 착용하여야 하며, 시험장비 · 조리도구 취급 등 안전에 유의합니다.

❻ 다음 사항에 대해서는 채점대상에서 제외하니 특히 유의하시기 바랍니다.

　㈎ 기권: 수험자 본인이 시험 도중 시험에 대한 포기 의사를 표현하는 경우

　㈏ 실격
- 가스레인지 화구 2개 이상(2개 포함) 사용한 경우
- 불을 사용하여 만든 조리작품이 작품특성에 벗어나는 정도로 타거나 익지 않은 경우
- 위생복, 위생모, 앞치마를 착용하지 않은 경우
- 시험 중 시설 · 장비(칼, 가스레인지 등) 사용 시 시험위원 및 타 수험자의 시험 진행에 위해를 일으킬 것으로 시험위원 전원이 합의하여 판단한 경우

　㈐ 미완성
- 시험시간 내에 과제 두 가지를 제출하지 못한 경우
- 문제의 요구사항대로 과제의 수량이 만들어지지 않은 경우

　㈑ 오작
- 구이를 조림 등으로 조리하여 완성품을 요구사항과 다르게 만든 경우
- 해당 과제의 지급재료 이외의 재료를 사용하거나 석쇠 등 요구사항의 조리도구를 사용하지 않은 경우

　㈒ 요구사항에 표시된 실격, 미완성, 오작에 해당하는 경우

❼ 항목별 배점은 위생상태 및 안전관리 5점, 조리기술 30점, 작품의 평가 15점입니다.

❽ 시험 시작 전 가벼운 몸풀기(스트레칭) 동작으로 긴장을 풀고 시험을 시작합니다.

🍲 만드는 법

❶ 감자는 껍질을 벗겨서 얇게 채 썰어 찬물에 담가 갈변이 되지 않도록 한다.

❷ 양파와 대파의 흰 부분은 얇게 채 썬다.

❸ 냄비에 버터를 두르고 준비해놓은 양파, 대파를 색이 나지 않도록 볶다가 감자를 넣어 볶아준 후 육수를 붓고 월계수잎을 넣고 감자가 푹 익을 때까지 끓인다.

❹ 감자가 푹 익으면 월계수잎을 건져내고 체에 내린 후, 냄비에 담아 가열하면서 농도를 조절하여 소금 후추로 간을 하고 생크림을 넣은 다음 살짝 끓인다.

❺ 수프를 그릇에 200㎖ 이상 되도록 담고 크루통을 띄운다.

크루통 만들기

❶ 식빵은 사방 0.7cm 다이스 크기로 자르고, 팬 버터를 두르고 색이 나도록 볶는다.

👨‍🍳 Key Point

- 감자는 얇게 채 썰어야 빨리 익고 체에 내리기 수월하다.
- 수프를 그릇에 담고 너무 빨리 크루통을 얹을 경우 크루통이 수프를 빨아들여 커지므로, 제출하기 바로 전에 띄운다.
- 수프의 농도는 냄비에 끓일 때보다 접시에 담으면 약간 걸쭉해지기 때문에 농도에 주의해야 한다.
- 감자를 찬물에 헹궈 전분을 없앤 후 볶아야 타지 않고 수프색이 탁하지 않다.
- 대파는 흰 부분만 사용하여 수프색이 파랗게 되지 않도록 한다.
- 크루통을 수프에 미리 올려놓으면 시간이 지나면서 수프양이 줄고 크루통이 부풀며 수프 위에 버터기름이 뜬다.
- 크루통은 제출 직전 올려 가라앉지 않게 한다.

불합격 원인

- 크루통을 볶을 때 크루통의 색이 타거나 너무 나지 않도록 유의한다.
- 생크림이 분리되지 않도록 주의한다.
- 수프의 양이 200㎖ 이상 되도록 한번 더 확인한다.
- 크루통의 개수는 3개에서 4개가 적당하다.

※ 크루통(Cruton)의 유래를 설명하시오.

※ 포테이토 크림수프에 사용되는 조리법을 적으시오.

※ 포테이토 크림수프의 감자는 왜 물에 담가둬야 하고, 얇게
채 썰어야 하는 이유를 설명하시오.

– 만든 후 참고할 점 및 보완할 점 –

작품사진

(실습 작품 첨부)

30분
시험시간

Tuna Tartar with Salad Bouquet and Vegetable Vinaigrette
샐러드 부케를 곁들인 참치타르타르와 채소 비네그레트

지급재료

- 붉은색 참치살(냉동 지급) 80g • 양파(중, 150g 정도) 1/8개
- 그린올리브 2개 • 케이퍼 5개 • 올리브오일 25ml
- 레몬[길이(장축)로 등분] 1/4개 • 핫소스 5ml
- 처빌(fresh) 2줄기 • 꽃소금 5g • 흰후춧가루 3g
- 차이브(fresh, 실파로 대체 가능) 5줄기
- 롤로로사(lollo rossa)(잎상추로 대체 가능) 2잎 • 그린치커리(fresh) 2줄기
- 붉은색 파프리카(150g 정도, 5~6cm 정도 길이) 1/4개
- 노란색 파프리카(150g 정도, 5~6cm 정도 길이) 1/8개
- 오이[가늘고 곧은 것(20cm 정도), 길이로 반을 갈라 10등분] 1/10개 • 파슬리(잎, 줄기 포함) 1줄기
- 딜(fresh) 3줄기 • 식초 10ml

※지참 준비물 추가: 테이블 스푼[크넬용, 머리 부분 가로 6cm, 세로(폭) 3.5~4cm 정도] 2개

🦐 요구사항

※ 주어진 재료를 사용하여 다음과 같이 샐러드 부케를 곁들인 참치타르타르와 채소 비네그레트를 만드시오.

❶ 참치는 꽃소금을 사용하여 해동하고, 3~4mm 정도의 작은 주사위 모양으로 썰어 양파, 그린올리브, 케이퍼, 처빌 등을 이용하여 타르타르를 만드시오.

❷ 채소를 이용하여 샐러드부케를 만드시오.

❸ 참치타르타르는 테이블 스푼 2개를 사용하여 크넬(quenelle) 형태로 3개를 만드시오.

❹ 비네그레트는 양파, 붉은색과 노란색의 파프리카, 오이를 가로세로 2mm 정도의 작은 주사위 모양으로 썰어서 사용하고 파슬리와 딜은 다져서 사용하시오.

- -

수험자 유의사항

❶ 만드는 순서에 유의하며, 위생과 숙련된 기능평가를 위하여 조리작업 시 맛을 보지 않습니다.

❷ 지정된 수험자 지참 준비물 이외의 조리기구나 재료를 시험장 내에 지참할 수 없습니다.

❸ 지급재료는 시험 전 확인하여 이상이 있을 경우 시험위원으로부터 조치를 받고 시험 중에는 재료의 교환 및 추가 지급은 하지 않습니다.

❹ 요구사항의 규격은 "정도"의 의미를 포함하며, 지급된 재료의 크기에 따라 가감하여 채점합니다.

❺ 위생복, 위생모, 앞치마를 착용하여야 하며, 시험장비·조리도구 취급 등 안전에 유의합니다.

❻ 다음 사항에 대해서는 채점대상에서 제외하니 특히 유의하시기 바랍니다.
　(개) 기권: 수험자 본인이 시험 도중 시험에 대한 포기 의사를 표현하는 경우
　(나) 실격
　　- 가스레인지 화구 2개 이상(2개 포함) 사용한 경우
　　- 불을 사용하여 만든 조리작품이 작품특성에 벗어나는 정도로 타거나 익지 않은 경우
　　- 위생복, 위생모, 앞치마를 착용하지 않은 경우
　　- 시험 중 시설·장비(칼, 가스레인지 등) 사용 시 시험위원 및 타 수험자의 시험 진행에 위해를 일으킬 것으로 시험위원 전원이 합의하여 판단한 경우
　(다) 미완성
　　- 시험시간 내에 과제 두 가지를 제출하지 못한 경우
　　- 문제의 요구사항대로 과제의 수량이 만들어지지 않은 경우
　(라) 오작
　　- 구이를 조림 등으로 조리하여 완성품을 요구사항과 다르게 만든 경우
　　- 해당 과제의 지급재료 이외의 재료를 사용하거나 석쇠 등 요구사항의 조리도구를 사용하지 않은 경우
　(마) 요구사항에 표시된 실격, 미완성, 오작에 해당하는 경우

❼ 항목별 배점은 위생상태 및 안전관리 5점, 조리기술 30점, 작품의 평가 15점입니다.

❽ 시험 시작 전 가벼운 몸풀기(스트레칭) 동작으로 긴장을 풀고 시험을 시작합니다.

🍲 만드는 법

참치 타르타르

❶ 냉동참치는 연한 소금물을 만들어 잠시 담가 살짝 해동시킨다.

❷ 살짝 해동시킨 참치는 물기를 제거하고 브뤼누아즈 사이즈로 자른 후, 깨끗한 면보에 싸서 핏물을 제거한다.

❸ 믹싱볼에 다져서 각각 준비한 양파, 그린올리브, 케이퍼, 처빌과 핏물을 제거한 참치를 합친다.

❹ 레몬즙, 올리브오일, 핫소스, 소금, 후춧가루를 넣고 고루 섞어 타르타르를 마무리한다.

샐러드 부케

❶ 롤로로사, 그린치커리, 차이브는 찬물에 담가 싱싱하게 살려 놓는다.

❷ 오이는 2.5cm 높이의 원형으로 토막을 내어 씨 부분을 칼로 도려낸다.

❸ 붉은색 파프리카의 일부는 가늘고 얇게 몇 조각의 채를 썬다.

❹ 찬물에 담가두었던 채소의 물기를 제거하고 파프리카와 함께 샐러드부케를 완성하여, 속을 파낸 오이에 샐러드부케를 꽂아서 고정시킨다.

채소비네그레트

❶ 양파, 파프리카 2가지, 오이는 가로·세로 2mm 정도의 작은 사이즈로 썰고, 파슬리와 딜은 다져서 준비한다.

❷ 볼에 준비한 채소와 올리브오일, 식초, 소금, 후춧가루를 섞어 비네그레트를 완성한다.

❸ 접시 상단에 샐러드부케를 놓고 스푼 2개를 이용하여 럭비공 모양(크넬)으로 모양을 잡아주고, 접시에 돌려가며 3개를 만들어 가지런히 놓는다.

❹ 채소비네그레트를 만들어 참치타르타르와 샐러드부케에 조금씩 뿌려준다.

👨‍🍳 Key Point

- 썰은 참치에 레몬주스를 약간만 첨가해야 색이 변하지 않는다.
- 크넬 스푼으로 안쪽으로 말아 주듯이 참치 타르타르 모양을 만든다.
- 채소는 잘 등분하여 샐러드, 채소 비네그레트, 참치 타르타르에 적절히 사용하여야 한다.
- 참치는 소금물에 신선하게 해동해야 한다. 지나치게 해동하면 썰 때 모양이 좋지 않으므로 살짝 얼었을 때 썰어 준다.

불합격 원인

- 참치 다이스에 레몬주스를 첨가하지 않고 색이 변색되지 않게 주의한다.
- 참치는 소금물에 해동하여 최대한 신선도를 유지한다.
- 채소 비네그레트를 지나치게 뿌리지 말고 적당히 뿌려야 한다.

다시 한번 알아보는 유의사항 문제

※ 참치 타르타르에 들어가는 참치에 개수와 다이스한 참치의 크기를 쓰시오

※ 샐러드부케에 들어가는 재료를 쓰시오.

※ 채소비네그레트에 들어가는 재료와 채소의 길이를 쓰시오.

– 만든 후 참고할 점 및 보완할 점 –

작품사진

(실습 작품 첨부)

Seafood Salad

해산물샐러드

🍢 지급재료

- 새우(30~40g) 3마리 · 관자살(개당 50~60g 정도, 해동 지급) 1개
- 피홍합(길이 7cm 이상) 3개 · 중합(지름 3cm 정도) 3개
- 양파(중, 150g 정도) 1/4개 · 마늘(중, 깐 것) 1쪽 · 실파(1뿌리) 20g
- 그린치커리 2줄기 · 양상추 10g
- 롤로로사(lollo rossa)(잎상추로 대체 가능) 2잎
- 올리브오일 20ml · 레몬[길이(장축)로 등분] 1/4개
- 식초 10ml · 딜(fresh) 2줄기 · 월계수잎 1잎 · 셀러리 10g
- 흰통후추(검은통후추 대체 가능) 3개 · 소금(정제염) 5g
- 흰후춧가루 5g · 당근(둥근 모양이 유지되게 등분) 15g

🦐 요구사항

※ 주어진 재료를 사용하여 다음과 같이 해산물샐러드를 만드시오.

❶ 미르포아(mirepoix), 향신료, 레몬을 이용하여 쿠르부용(court bouillon)을 만드시오.
❷ 해산물은 손질하여 쿠르부용(court bouillon)에 데쳐 사용하시오.
❸ 샐러드 채소는 깨끗이 손질하여 싱싱하게 하시오.
❹ 레몬 비네그레트는 양파, 레몬즙, 올리브오일 등을 사용하여 만드시오.

수험자 유의사항

❶ 만드는 순서에 유의하며, 위생과 숙련된 기능평가를 위하여 조리작업 시 맛을 보지 않습니다.
❷ 지정된 수험자 지참 준비물 이외의 조리기구나 재료를 시험장 내에 지참할 수 없습니다.
❸ 지급재료는 시험 전 확인하여 이상이 있을 경우 시험위원으로부터 조치를 받고 시험 중에는 재료의 교환 및 추가 지급은 하지 않습니다.
❹ 요구사항의 규격은 "정도"의 의미를 포함하며, 지급된 재료의 크기에 따라 가감하여 채점합니다.
❺ 위생복, 위생모, 앞치마를 착용하여야 하며, 시험장비 · 조리도구 취급 등 안전에 유의합니다.
❻ 다음 사항에 대해서는 채점대상에서 제외하니 특히 유의하시기 바랍니다.
   ⑺ 기권: 수험자 본인이 시험 도중 시험에 대한 포기 의사를 표현하는 경우
   ⑻ 실격
- 가스레인지 화구 2개 이상(2개 포함) 사용한 경우
- 불을 사용하여 만든 조리작품이 작품특성에 벗어나는 정도로 타거나 익지 않은 경우
- 위생복, 위생모, 앞치마를 착용하지 않은 경우
- 시험 중 시설 · 장비(칼, 가스레인지 등) 사용 시 시험위원 및 타 수험자의 시험 진행에 위해를 일으킬 것으로 시험위원 전원이 합의하여 판단한 경우
   ⑼ 미완성
- 시험시간 내에 과제 두 가지를 제출하지 못한 경우
- 문제의 요구사항대로 과제의 수량이 만들어지지 않은 경우
   ⑽ 오작
- 구이를 조림 등으로 조리하여 완성품을 요구사항과 다르게 만든 경우
- 해당 과제의 지급재료 이외의 재료를 사용하거나 석쇠 등 요구사항의 조리도구를 사용하지 않은 경우
   ⑾ 요구사항에 표시된 실격, 미완성, 오작에 해당하는 경우
❼ 항목별 배점은 위생상태 및 안전관리 5점, 조리기술 30점, 작품의 평가 15점입니다.
❽ 시험 시작 전 가벼운 몸풀기(스트레칭) 동작으로 긴장을 풀고 시험을 시작합니다.

만드는 법

❶ 그린치커리, 양상추, 롤라로사는 찬물에 담가 싱싱하게 만든다.

❷ 미르포아(양파, 당근, 셀러리)는 슬라이스하고, 마늘은 굵게 다지고, 실파는 야채크기에 맞춰 재단한다.

❸ 냄비에 물을 붓고 썰어놓은 미르포아, 마늘, 실파, 월계수잎, 통후추, 레몬(웨지모양)을 넣고 끓여 쿠르부용을 만든다.

❹ 홍합과 조개는 소금물에서 해감시킨 후 쿠르부용에 삶아 건져내어 살을 발라낸 뒤, 관자는 막을 제거하고 0.3cm 두께로 원형 모양을 살려 썰어 쿠르부용에 잠깐 삶아 꺼낸 뒤 식힌다.

❺ 새우는 삶아 찬물에 바로 식혀서 꼬리 한 마디만 남기고, 껍질을 벗긴 후 내장을 제거한다.

❻ 찬물에 담가두었던 채소를 적당한 크기로 손으로 떼어 물기를 제거한다.

❼ 레몬즙, 다진 양파, 딜, 올리브오일, 식포, 소금, 후추를 섞어 레몬 비네그레트를 만든다.

❽ 데친 해산물에 레몬 비네그레트를 약간 넣어 버무려준 뒤 접시에 해산물을 담고 비네그레트를 살짝 뿌려 제출한다.

🧢 Key Point

• 크루부용을 먼저 끓인 후 해산물을 익힌다.

• 해산물을 너무 삶아 수축되지 않게 유의한다.

• 조개류가 잘 해감 되었는지에 대해 유의한다.

• 해산물이 주재료이므로 손질 방법을 정확히 익혀야 한다.

불합격 원인

• 해산물이 너무 익어서 수축한 경우

• 쿠르부용을 활용하지 않고 삶을 경우

• 레몬 비네그레트의 재료를 파악하지 않았을 경우

다시 한번 알아보는 유의사항 문제

※ 레몬 비네그레트에 들어가는 재료를 쓰시오.

※ 쿠르부용에 들어가는 재료를 모두 쓰시오.

※ 해산물 샐러드에 들어가는 해산물의 종류를 쓰시오.

– 만든 후 참고할 점 및 보완할 점 –

작품사진

(실습 작품 첨부)

30분
시험시간

Spaghetti Carbonara
스파게티 카르보나라

지급재료

- 스파게티면(건조 면) 80g • 올리브오일 20ml • 버터(무염) 20g
- 생크림 180ml • 베이컨(길이 15~20cm) 2개 • 달걀 1개
- 파르마산 치즈가루 10g • 파슬리(잎, 줄기 포함) 1줄기
- 소금(정제염) 5g • 검은통후추 5개 • 식용유 20ml

요구사항

※ 주어진 재료를 사용하여 다음과 같이 스파게티 카르보나라를 만드시오.

❶ 스파게티 면은 알덴테(al dente)로 삶아서 사용하시오.

❷ 파슬리는 다지고 통후추는 곱게 으깨서 사용하시오.

❸ 베이컨은 1cm 정도 크기로 썰어, 으깬 통후추와 볶아서 향이 잘 우러나게 하시오.

❹ 생크림은 달걀노른자를 이용한 리에종(liaison)과 소스에 사용하시오.

- -

수험자 유의사항

❶ 만드는 순서에 유의하며, 위생과 숙련된 기능평가를 위하여 조리작업 시 맛을 보지 않습니다.

❷ 지정된 수험자 지참 준비물 이외의 조리기구나 재료를 시험장 내에 지참할 수 없습니다.

❸ 지급재료는 시험 전 확인하여 이상이 있을 경우 시험위원으로부터 조치를 받고 시험 중에는 재료의 교환 및 추가 지급은 하지 않습니다.

❹ 요구사항의 규격은 "정도"의 의미를 포함하며, 지급된 재료의 크기에 따라 가감하여 채점합니다.

❺ 위생복, 위생모, 앞치마를 착용하여야 하며, 시험장비·조리도구 취급 등 안전에 유의합니다.

❻ 다음 사항에 대해서는 채점대상에서 제외하니 특히 유의하시기 바랍니다.

　㉮ 기권: 수험자 본인이 시험 도중 시험에 대한 포기 의사를 표현하는 경우

　㉯ 실격

　　• 가스레인지 화구 2개 이상(2개 포함) 사용한 경우

　　• 불을 사용하여 만든 조리작품이 작품특성에 벗어나는 정도로 타거나 익지 않은 경우

　　• 위생복, 위생모, 앞치마를 착용하지 않은 경우

　　• 시험 중 시설·장비(칼, 가스레인지 등) 사용 시 시험위원 및 타 수험자의 시험 진행에 위해를 일으킬 것으로 시험위원 전원이 합의하여 판단한 경우

　㉰ 미완성

　　• 시험시간 내에 과제 두 가지를 제출하지 못한 경우

　　• 문제의 요구사항대로 과제의 수량이 만들어지지 않은 경우

　㉱ 오작

　　• 구이를 조림 등으로 조리하여 완성품을 요구사항과 다르게 만든 경우

　　• 해당 과제의 지급재료 이외의 재료를 사용하거나 석쇠 등 요구사항의 조리도구를 사용하지 않은 경우

　㉲ 요구사항에 표시된 실격, 미완성, 오작에 해당하는 경우

❼ 항목별 배점은 위생상태 및 안전관리 5점, 조리기술 30점, 작품의 평가 15점입니다.

❽ 시험 시작 전 가벼운 몸풀기(스트레칭) 동작으로 긴장을 풀고 시험을 시작합니다.

🍲 만드는 법

❶ 스파게티면은 끓는물에 8~9분 정도 알덴테로 삶아놓는다.

❷ 파슬리는 곱게 다져 찬물에 헹구어 준비한다.

❸ 통후추는 밀대나 병으로 눌러 으깨놓고, 베이컨은 1cm 정도 크기의 주사위 모양으로 썰어 준비한다.

❹ 팬에 생크림과 달걀노른자를 넣고 리에종을 만들어 준비하고, 크림을 더 첨가한 뒤 파르마산 치즈를 넣어 준비한다.

❺ 프라이팬에 버터나 식용유를 두르고 베이컨과 으깬 통후추를 넣고 볶는다.

❻ 삶아 놓은 스파게티를 ⑤에 넣고 볶아낸다.

❼ 만들어 놓은 리에종소스를 넣고 볶아낸다.

❽ 접시에 담고 파르마산 치즈가루와 다진 파슬리를 뿌려 완성한다.

👨‍🍳 Key Point

- 스파게티 면이 알덴테로 익도록 하며 너무 오래 익히지 않는다.
- 리에종을 만들 때 달걀노른자는 중불에서 만들어야 매끄러운 소스가 생성된다.
- 으깬 통후추를 너무 많이 넣지 않는다.
- 달걀이 덩어리지지 않도록 한다.
- 생크림을 넣은 다음에는 불 세기를 약하게 졸여야 생크림이 액상화 되지 않는다.

불합격 원인

- 리에종을 뜨거운 불에 만들어서 거친 소스가 생성된다.
- 크림을 섞을 때 소스가 분리된다.
- 스파게티면을 알덴테로 알맞게 익히지 못하였다.

다시 한번 알아보는 유의사항 문제

※ 스파게티면은 끓는물에 몇 분을 삶아야 하는지 쓰시오.

※ 베이컨은 몇 cm의 어떤 모양으로 썰어야 하는지 쓰시오.

※ 알덴테의 익힘 정도는 어떤 정도인지 쓰시오.

- 만든 후 참고할 점 및 보완할 점 -

작품사진

(실습 작품 첨부)

35분
시험시간

Seafood Spaghetti Tomato Sauce

토마토 소스 해산물 스파게티

지급재료

- 스파게티면(건조 면) 70g • 토마토(캔, 홀필드, 국물 포함) 300g
- 마늘 3쪽 • 양파(중, 150g 정도) 1/2개 • 바질(신선한 것) 4잎
- 파슬리(잎, 줄기 포함) 1줄기 • 방울토마토(붉은색) 2개
- 올리브오일 40ml • 새우(껍질 있는 것) 3마리
- 모시조개(지름 3cm 정도, 바지락 대체 가능) 3개
- 오징어(몸통) 50g • 관자살(50g 정도, 작은 관자 3개 정도) 1개
- 화이트와인 20ml • 소금 5g • 흰후춧가루 5g • 식용유 20ml

요구사항

※ 주어진 재료를 사용하여 다음과 같이 토마토 소스 해산물 스파게티를 만드시오.

❶ 스파게티 면은 알덴테(al dente)로 삶아서 사용하시오.

❷ 조개는 껍질째, 새우는 껍질을 벗겨 내장을 제거하고, 관자살은 편으로 썰고, 오징어는 0.8×5cm 정도 크기로 썰어 사용하시오.

❸ 해산물은 화이트와인을 사용하여 조리하고, 마늘과 양파는 해산물 조리와 토마토 소스 조리에 나누어 사용하시오.

❹ 바질을 넣은 토마토 소스를 만들어 사용하시오.

❺ 스파게티는 토마토 소스에 버무리고 다진 파슬리와 슬라이스한 바질을 넣어 완성하시오.

- -

수험자 유의사항

❶ 만드는 순서에 유의하며, 위생과 숙련된 기능평가를 위하여 조리작업 시 맛을 보지 않습니다.

❷ 지정된 수험자 지참 준비물 이외의 조리기구나 재료를 시험장 내에 지참할 수 없습니다.

❸ 지급재료는 시험 전 확인하여 이상이 있을 경우 시험위원으로부터 조치를 받고 시험 중에는 재료의 교환 및 추가 지급은 하지 않습니다.

❹ 요구사항의 규격은 "정도"의 의미를 포함하며, 지급된 재료의 크기에 따라 가감하여 채점합니다.

❺ 위생복, 위생모, 앞치마를 착용하여야 하며, 시험장비 · 조리도구 취급 등 안전에 유의합니다.

❻ 다음 사항에 대해서는 채점대상에서 제외하니 특히 유의하시기 바랍니다.

　(가) 기권: 수험자 본인이 시험 도중 시험에 대한 포기 의사를 표현하는 경우

　(나) 실격
- 가스레인지 화구 2개 이상(2개 포함) 사용한 경우
- 불을 사용하여 만든 조리작품이 작품특성에 벗어나는 정도로 타거나 익지 않은 경우
- 위생복, 위생모, 앞치마를 착용하지 않은 경우
- 시험 중 시설 · 장비(칼, 가스레인지 등) 사용 시 시험위원 및 타 수험자의 시험 진행에 위해를 일으킬 것으로 시험위원 전원이 합의하여 판단한 경우

　(다) 미완성
- 시험시간 내에 과제 두 가지를 제출하지 못한 경우
- 문제의 요구사항대로 과제의 수량이 만들어지지 않은 경우

　(라) 오작
- 구이를 조림 등으로 조리하여 완성품을 요구사항과 다르게 만든 경우
- 해당 과제의 지급재료 이외의 재료를 사용하거나 석쇠 등 요구사항의 조리도구를 사용하지 않은 경우
- (마) 요구사항에 표시된 실격, 미완성, 오작에 해당하는 경우

❼ 항목별 배점은 위생상태 및 안전관리 5점, 조리기술 30점, 작품의 평가 15점입니다.

❽ 시험 시작 전 가벼운 몸풀기(스트레칭) 동작으로 긴장을 풀고 시험을 시작합니다.

만드는 법

❶ 스파게티면은 끓는물에 8~9분 정도 알덴테로 삶아놓는다.

❷ 새우는 껍질을 벗겨 내장을 제거하고, 관자살은 편으로 썰어 준비한다.

❸ 오징어는 0.8×5cm 정도 크기로 썰어 사용한다.

❹ 조개는 껍질째 사용하며, 준비된 해산물은 화이트와인을 사용한다.

❺ 마늘과 양파를 모두 다져 준비하고, 해산물 조리할 때와 토마토 소스 조리할 때 적절하게 나누어 사용하며, 바질은 슬라이스한다.

❻ 프라이팬에 버터, 양파, 마늘을 넣고 볶다가 준비한 해산물을 넣고 화이트와인으로 익혀낸다.

❼ 토마토, 마늘, 양파를 넣고 스파게티 토마토 소스를 만들고, 버무리기 전에 다진 파슬리와 슬라이스한 바질을 넣는다.

❽ ⑥에 삶은 면을 넣고 볶고, 만들어 놓은 토마토 소스를 넣고 버무린다.

❾ 접시에 담고 다진 파슬리와 슬라이스 바질을 올린다.

Key Point

- 스파게티면이 알덴테로 익도록 하며 너무 오래 익거나 덜 익히지 않는다.
- 해산물을 익힐 때 껍질이 있는 조개를 먼저 넣고, 익히는 중간에 나머지 해산물을 넣는다.
- 해산물을 볶을 때 화이트와인을 넣어 비린내를 없앤다.
- 소스의 농도를 적당히 하여 너무 묽거나 되직하지 않도록 한다.

불합격 원인

- 소스와 면이 잘 어우러지지 않았다.
- 토마토 소스 농도가 너무 되직하거나 묽다.
- 스파게티면을 알덴테로 알맞게 익히지 못하였다.
- 해산물을 볶을 때 화이트와인을 사용하지 않아 비린내가 나면 감점처리된다.

다시 한번 알아보는 유의사항 문제

※ 스파게티면은 끓는물에 몇 분을 삶아야 하는지 쓰시오.

※ 오징어는 몇 cm의 어떤 모양으로 썰어야 하는지 쓰시오.

※ 알덴테의 익힘 정도는 어떤 정도인지 쓰시오.

– 만든 후 참고할 점 및 보완할 점 –

작품사진

(실습 작품 첨부)

35분

시험시간

Caesar Salad

시저샐러드

지급재료

- 달걀 60g 2개(상온에 보관한 것) • 디존 머스터드 10g
- 레몬 1개 • 로메인 상추 50g • 마늘 1쪽 • 베이컨 15g
- 안초비 3개 • 올리브오일(extra virgin) 20ml
- 카놀라오일 300ml • 슬라이스 식빵 1개 • 검은후춧가루 5g
- 파미지아노 레기아노 20g(덩어리)
- 화이트와인식초 20ml • 소금 10g

요구사항

※ 주어진 재료를 사용하여 다음과 같이 시저샐러드를 만드시오.

❶ 마요네즈(100g 이상), 시저드레싱(100g 이상), 시저샐러드(전량)를 만들어 3가지를 각각 별도의 그릇에 담아 제출하시오.

❷ 마요네즈(mayonnaise)는 달걀노른자, 카놀라오일, 레몬즙, 디존 머스터드, 화이트와인식초를 사용하여 만드시오.

❸ 시저드레싱(caesar dressing)은 마요네즈, 마늘, 안초비, 검은후춧가루, 파미지아노 레기아노, 올리브오일, 디존 머스터드, 레몬즙을 사용하여 만드시오.

❹ 파미지아노 레기아노는 강판이나 채칼을 사용하시오.

❺ 시저샐러드(caesar salad)는 로메인 상추, 곁들임[크루통(1×1cm), 구운 베이컨(폭 0.5cm), 파미지아노 레기아노], 시저드레싱을 사용하여 만드시오.

수험자 유의사항

❶ 만드는 순서에 유의하며, 위생과 숙련된 기능평가를 위하여 조리작업 시 맛을 보지 않습니다.

❷ 지정된 수험자 지참 준비물 이외의 조리기구나 재료를 시험장 내에 지참할 수 없습니다.

❸ 지급재료는 시험 전 확인하여 이상이 있을 경우 시험위원으로부터 조치를 받고 시험 중에는 재료의 교환 및 추가 지급은 하지 않습니다.

❹ 요구사항의 규격은 "정도"의 의미를 포함하며, 지급된 재료의 크기에 따라 가감하여 채점합니다.

❺ 위생복, 위생모, 앞치마를 착용하여야 하며, 시험장비 · 조리도구 취급 등 안전에 유의합니다.

❻ 다음 사항에 대해서는 채점대상에서 제외하니 특히 유의하시기 바랍니다.

   (㉮) 기권: 수험자 본인이 시험 도중 시험에 대한 포기 의사를 표현하는 경우

   (㉯) 실격

- 가스레인지 화구 2개 이상(2개 포함) 사용한 경우
- 불을 사용하여 만든 조리작품이 작품특성에 벗어나는 정도로 타거나 익지 않은 경우
- 위생복, 위생모, 앞치마를 착용하지 않은 경우
- 시험 중 시설 · 장비(칼, 가스레인지 등) 사용 시 시험위원 및 타 수험자의 시험 진행에 위해를 일으킬 것으로 시험위원 전원이 합의하여 판단한 경우

   (㉰) 미완성

- 시험시간 내에 과제 두 가지를 제출하지 못한 경우
- 문제의 요구사항대로 과제의 수량이 만들어지지 않은 경우

   (㉱) 오작

- 구이를 조림 등으로 조리하여 완성품을 요구사항과 다르게 만든 경우
- 해당 과제의 지급재료 이외의 재료를 사용하거나 석쇠 등 요구사항의 조리도구를 사용하지 않은 경우

   (㉲) 요구사항에 표시된 실격, 미완성, 오작에 해당하는 경우

❼ 항목별 배점은 위생상태 및 안전관리 5점, 조리기술 30점, 작품의 평가 15점입니다.

❽ 시험 시작 전 가벼운 몸풀기(스트레칭) 동작으로 긴장을 풀고 시험을 시작합니다.

만드는 법

❶ 로메인 상추는 물에 담가 준비한 후 수분을 제거하여 먹기 좋은 크기로 썰어서 준비한다.

❷ 마늘과 안초비는 다져서 준비한다.

❸ 식빵은 사방 1cm로 썬 후 올리브오일을 뿌려 버무린 후 프라이팬에 넣어 갈색으로 크루통을 만든다.

❹ 베이컨은 1cm 크기로 잘라 놓은 후 프라이팬을 중불에 올려 베이컨을 볶아 바삭하게 만들어 키친타월에 올려 기름을 빼준다.

❺ 달걀은 흰자와 노른자를 분리한 후 볼에 달걀노른자 2개와 분량의 디존 머스터드와 레몬즙을 넣어 휘핑을 하고 카놀라오일을 나누어 한 방향으로 300ml를 넣어 휘핑을 한 후 화이트와인식초를 넣어 마요네즈를 완성한다.

❻ ⑤에서 완성된 마요네즈 100g을 제시하고 남은 마요네즈에 마늘, 안초비, 검은후추를 넣어 시저드레싱을 완성한다.

❼ 볼에 시저드레싱과 먹기 좋은 크기로 썬 로메인 상추 그리고 크루통과 볶은 베이컨, 후추를 버무려 완성하여 그릇에 담고 파미지아노 레기아노를 갈아서 완성하여 제출한다.

🧑‍🍳 Key Point

- 로메인 상추의 물기를 완전히 제거해야 드레싱이 겉돌지 않는다.
- 시저샐러드, 마요네즈, 시저드레싱 모두 제출해야 한다.

불합격 원인

- 마요네즈 만드는 원리를 이해 못해서 마요네즈가 분리되었다.
- 시저드레싱을 만들 때 믹싱볼에 물기나 이물질이 있어 유화가 형성되지 않았다.
- 시저샐러드는 제출 직전에 상추와 드레싱을 버무려야 한다.

※ 마요네즈 드레싱의 분리를 방지하는 방법을 서술하시오.

※ 로메인 상추의 손질과 보관방법을 서술하시오.

※ 달걀노른자의 역할을 서술하시오.

– 만든 후 참고할 점 및 보완할 점 –

작품사진

(실습 작품 첨부)

제**3**부

양식조리산업기사
이론

양식조리산업기사 이론

산업기사란?

기능사와 기능장의 중간단계로 외식산업이 점점 대형화, 전문화하면서 조리업무 전반에 대한 기술, 인력, 경영관리를 담당할 전문 인력을 양성하기 위해 제정된 자격제도로서 조리기능사와 마찬가지로 한식, 중식, 양식, 일식, 복어로 세분화가 되어 있다.

양식조리산업기사의 주요업무내용으로는 외식업체 등 조리산업 관련기관에서 조리업무가 효율적으로 이뤄질 수 있도록 관리하는 역할을 수행하며 구체적으로 조리 부분에 대한 계획을 세우고 조리할 재료를 선정 및 구입, 검수, 저장 관리 등을 습득하며 적절한 조리도구를 사용하여 조리 업무를 수행하고 조리시설 및 기구를 위생적으로 관리하는 유지하는 법을 배운다.

1. 양식조리산업기사

(1) 개요

기존의 기능만을 평가하는 조리기능사 자격으로는 외식산업 발전에 한계를 느낀 정부는 외식업체 등 조리산업 관련기관에서 조리업무가 효율적으로 이루어질 수 있도록 관리하는 역할을 수행하기 위하여 양식조리산업기사 자격을 신설하였다 조리에 관한 숙력기능 향상과 현장으로부터 작업관리, 지도 및 감독 등

현장업무를 수행할 수 있는 인력양성을 목적으로 산업기사 자격 제도를 제정하였다.

(2) 수행직무

응시하고자 하는 종목에 관한 기술에 대한 이론지식과 그 숙련기능을 바탕으로 식당운영에 필요한 여러 기능 업무를 수행할 수 있는 능력을 배양한다.

① 한식, 양식, 중식, 일식, 복어조리의 고유한 형태와 맛을 표현할 수 있을 것(한식조리를 공통으로 하여 양식, 일식, 중식, 복어조리 중 택 1)
② 식재료의 특성을 이해하고 용도에 맞게 손질할 수 있을 것
③ 레시피를 정확하게 숙지하고 적절한 도구 및 기구를 사용할 수 있을 것
④ 조리기술이 능숙할 것
⑤ 조리과정이 위생적이며 정리정돈을 잘 할 수 있을 것

(3) 실시기관명 : 한국 산업인력공단 : http://www.q-net.or.kr

(4) 진로 및 전망

식품접객업 및 집단 급식소 등에서 조리사로 근무하거나 운영이 가능하며 조리에 대한 전문가로 인정받게 되면 높은 수익과 직업적 안정성을 보장받게 된다.

– 식품위생법상 대통령령이 정하는 식품접객영업자(복어조리, 판매영업 등)와 집단급식소의 운영자는 조리사 자격을 취득하고, 시장·군수·구청장의 면허를 받은 조리사를 두어야 한다.

(5) 자격시험 안내

① 시행처 : 한국산업인력공단 (http://q-net.or.kr)
② 응시자격

가. 응시하려는 종목이 속한 동일 및 유사 직무분야의 산업기사 또는 기능사 자격을 취득한 후 「근로자직업능력 개발법」에 따라 설립된 기능대학의 기능장 과정을 마친 이수자 또는 그 이수예정자

나. 산업기사 등급 이상의 자격을 취득한 후 응시하려는 종목이 속한 동일 및 유사 직무분야에서 5년 이상 실무에 종사한 사람

다. 기능사 자격을 취득한 후 응시하려는 종목이 속한 동일 및 유사 직무분야
에서 7년 이상실무에 종사한 사람

라. 응시하려는 종목이 속한 동일 및 유사 직무분야에서 9년 이상 실무에 종
사한 사람

마. 응시하려는 종목이 속한 동일 직무분야의 다른 종목의 기능장 등급의 자
격을 취득한 사람

바. 외국에서 동일한 종목에 해당하는 자격을 취득한 사람

③ 취득방법

가. 시험일자

구분	필기원서 접수	필기시험	필기합격 (예정자)발표	실기원서 접수	실기시험	최종합격 발표일
1회	3월말	4월 중순	4월 말	5월 초	5월 말~6월 초	7월 초
2회	7월 중순	7월 말	8월 중순	8월 중순	9월 말~10월 초	10월 말

나. 시험과목

– 필기 : 공중 및 식품위생, 식품학, 조리이론, 원가계산, 한식, 양식, 중식,
일식 및 복어 조리에 관한 사항

– 실기 : 조리작업

④ 검정방법 및 합격기준

구분	조리기능장
검정방법	– 필기 : 객관식 4지 택일형 60문항(60분) – 실기 : 작업형(5시간정도)
합격기준	– 필기 : 100점 만점으로 과목당 40점 이상, 전과목 평균 60점 이상 – 실기 : 100점 만점으로 하여 60점 이상

(6) 실기시험 진행 방법

① 수험자는 자신의 수검번호와 시험날짜 및 시간, 장소를 정확히 확인하여 지
정된 시험시간 30분 전에 시험장에 도착하여 수험자 대기실에서 대기한다.

② 출석을 환인한 후 비번호(등번호)를 배정받고 대기실에서 실기시험장 내로

이동한다.

③ 각자의 등번호와 같은 조리대를 찾아 개인 준비물을 꺼내놓고 정돈하며 본부요원의 지시에 따라 시험 볼 주재료와 양념류를 확인하고 조리기구를 점검한다.

④ 지급재료 목록표와 본인이 지급받은 재료를 비교하여 차이가 없는지 확인하여 차이가 있으면 시험위원에게 알려 시험이 시작되기 전에 조치를 받도록 한다.

⑤ 시험시작을 알리면 음식 만들기에 들어간다.

⑥ 수험자 요구사항을 충분히 숙지하여 정해진 시간 내에 지정된 조리작품 2가지를 만들어 등 번호표와 함께 제출하고 이어서 청소 및 정돈을 한다.

⑦ 익혀야 할 음식을 익히지 않았거나 태웠을 경우, 요구사항에 나와 있는 작품의 개수보다 부족할 경우, 연장시간을 사용할 경우 채점대상에서 제외된다.

(7) 시험장 주의사항

① 검정시험은 지정된 것을 사용하여야 하며 재료를 시험장 내에 지참할 수 없다.

② 시험장 내에서는 정숙하여야 한다.

③ 지정된 장소를 이탈할 경우 감독위원의 사전 승인을 받아야 한다.

④ 조리기구 중 가스 및 칼 등을 사용할 때에는 안전에 유념하여야 한다.

⑤ 재료는 1회에 한하여 지급되며 재지급은 하지 않는다. 다만 검정시행 전 수험자가 사전에 지급된 재료를 검수하여 불량재료가 있거나 또는 지급량이 부족하다고 판단될 경우에는 즉시 시험위원에게 통보하여 교환 또는 추가 지급받도록 한다.

⑥ 지급된 재료는 1인분의 양이므로 주재료 전부를 사용하여 조리하여야 한다.

⑦ 감독위원이 요구하는 작품이 두 가지인 경우도 두가지 요리를 모두 선택 분야별로 지정되어 있는 표준시간 내에 완성하여야 한다.

⑧ 요구 작품이 두 가지인데 한 가지 작품만 만들었을 경우에는 미완성으로 채점대상에서 제외된다.

⑨ 불을 사용하여 만든 조리작품이 익지 않은 경우에는 미완성으로 채점대상

에서 제외된다.

⑩ 점정이 완료되면 작품을 감독위원이 지시하는 장소에 신속히 제출하여야 한다.

⑪ 작품을 제출한 다음 본인이 조리한 장소와 주변 등을 깨끗이 청소하고 조리기구 등은 정리정돈 후 감독위원의 지시에 따라 시험실에서 퇴장한다.

⑻ 실기시험시 수험자 지참도구

지참공구명	규격	수량	지참공구명	규격	수량
가위	조리용	1개	석쇠	조리용	1개
계량스푼	1/2 작은술	1개	소창 또는 면포	30×30cm 정도	1장
	1/4 작은술	1개	숟가락	스테인리스제	1개
	큰술	1개	앞치마	백색(남녀공용)	1개
	작은술	1개	위생모 또는 머리수건	백색	1개
계량컵	200ml	1개	위생복	백색	1개
공기	소	1개	위생타올	면	2매
국대접	소	1개	젓가락	소독저	1개
김발	20cm 정도	1개	칼	보통 조리용칼	1개
밀대	소	1개	프라이팬	소형	1개
랩, 호일	조리용	1개			

⑼ 실기시험시 채점기준표

① 공통채점

주요 항목	세부사항	항목별 채점기준
위생상태	위생복 착용 및 개인 위생상태	위생(조리)복을 착용하였으며 개인 위생상태가 좋음 또는 불량할 경우
조리과정	조리순서 및 재료, 기구 등 취급상태	일반적인 조리순서가 정확하며 재료 및 기구 취급상태가 숙련되었을 경우, 조리순서는 맞으나 재료 및 기구 취급상태의 숙련이 약간 미숙할 경우, 조리과정이 전반적으로 미숙할 경우
정리정돈상태	정리정돈 및 청소	지급된 기구류 및 주위 청소상태가 양호 또는 불량할 경우

② 조리기술 및 작품평가

과목	세부사항	항목별 채점기준
조리기술	조리방법	조리기술의 숙련도에 따라 채점
작품평가	작품의 맛, 색, 그릇에 담기	작품의 맛과 색감, 모양에 따라 채점

(10) 실기시험 합격자 등록안내

① 합격자 발표 : 공고일로부터 60일 이내

② 등록에 필요한 준비물 : 수험표, 증명사진 1매, 수수료, 주민등록증

③ 재교부 : 자격수첩 분실자 및 훼손자에 대하여 자격수첩을 재교부하는 것을 말하며 재교부 신청시는 당초 발급받은 사무소에 신청하면 당일 교부되며, 타 지방사무소에 신청하면 등록사항 조회기간만큼 지연된다.

(11) 합격자 발표 및 문의

한국산업인력공단 : www.q-net.or.kr

① 고객센터 : 1644-8000, 수검사항 공고, 기타 검정일정, 직업교육훈련, 인력관리안내 등

② 합격자 자동응답 안내 : 060-700-2009

2. 코스요리의 이해

1) 전채요리(Appetizer)

에피타이저는 전체적은 요리를 맛있게 먹을 수 있도록 식욕을 돋우어주고 요리 자체에 대하여 기대감을 가질 수 있도록 하는 특징이 있다

음식의 가장 첫 단계가 되는 전채에 대한 특성, 내용 및 만드는 법을 통하여 단계별 내용을 확인한다.

(1) Appetizer or Hors d'oeuvre(에피타이저 혹은 오르되브르)

〈에피타이저〉 혹은 〈오르되브르〉는 우리나라말로 전채(前菜) 혹은 식욕촉진 제라고 불린다. 전채는 음식을 먹기 전에 먹는 간단한 요리 혹은 안주이다.

(2) 내용

전채요리는 제공 온도에 따라서 차가운 전채(Cold Appetizer)와 뜨거운 전채 (Hot Appetizer)로 구분되며 본 요리를 먹기 전에 접대한다.

① 차가운 에피타이저 / Cold Appetizer

② 뜨거운 에피타이저 / Hot Appetizer

③ Canapé

〈카나페〉는 모양이 작고 아기자기하게 요리되어 있으며 손가락으로 집기에 맞도록 하여 한입에 먹기에 좋도록 되어 있다. 구성은 맨 밑에는 크래커나 빵류를 여러모양으로 작게 잘라 토스트하여 바탕으로 하고 위에는 각종 고기, 소시지, 치즈, 야채, 피클, 푸아그라(Foie Gras) 및 해산물 등을 올려서 모양을 만든다.

카나페는 맛의 특성상 약간 짜게 하거나 향이 강할 필요가 있다. 그 이유는 위액의 분비를 촉진시켜서 식욕을 증진시키기 때문이다.

카나페의 바탕이 되는 베이스는 흰 식빵을 원형, 삼각형, 사각형 등 원하는 모양으로 잘라 토스트(toast)하거나 위에 겨자, 크림치즈, 마요네즈, 버터 등을 발라 빵이 습기를 흡수하여 눅눅해지는 것을 막고 맛을 증가시키게 한다.

카나페는 ① 바탕(base) ② 스프레드(바탕 위에 바르는 것) ③ 중심재료 ④ 고명(장식)으로 구성하는 것이 대표적이며, 크기는 손으로 집기에 알맞아야 하며 사용되는 빵의 종류는 크래커, 식빵, 호밀빵 등 모든 종류의 빵이 대상

2) 육수(Stock)

살코기, 뼈, 생선, 채소 등에 물을 붓고 끓여서 우려낸 국물로 서양요리의 수프나 소스의 기본이 되는 것으로 모든 요리의 맛을 좌우할 만큼 중요한 구실을 한다.

(1) 정의

스톡은 모든 요리의 근본이 되며 동서양의 요리를 불문하고 스톡의 중요성을 강조하여도 지나침에 여부가 없다.

(2) 재료구성

스톡은 색에 따라 화이트/브라운 스톡, 재료에 따라 피쉬, 비프, 치킨, 베지터블 스톡 등으로 구분되는데, 주재료는 향신료와 육류, 어류(혹은 채소) 및 물을 이용한다.

① 고기

뼈 주위에 붙어있는 고기류 및 고기를 정제하고 난 후의 잡고기들은 좋은 스톡의 좋은 재료가 된다. 특히 관절연결부위의 뼈들은 콜라겐성분이 많아 좋은 스톡을 만들 수 있다.

② 뼈

쇠고기, 가금류 및 생선뼈 등 모든 종류의 뼈가 이용이 가능하다. 스톡의 맛은 뼈의 연골과 연결조직 및 세포에서 나오는데 이 부위에는 콜라겐이 있어 나중에 젤라틴으로 변환되기 때문이다.

뼈로 우려내는 스톡은 고기로 우려내는 것보다도 더 장시간을 요구하며 압력을 이용하는 조리 도구를 이용하면 시간을 더 단축시킬 수가 있다.

③ 미르포아(Mirepoix)

미르포아는 당근, 셀러리, 양파 등을 모은 것으로 스톡의 맛을 증진시키는 좋은 재료들이다. 주로 식용할 수 없는 부분인 끝동이나 껍질 등을 많이 사용하는데 이는 원가를 절감함과 동시에 재료를 가장 경제적으로 활용할 수 있다.

④ 허브와 스파이스

미르포아 이외에 스톡을 만들 때 들어가는 재료는 허브와 스파이스이다. 이전의 요리는 부케가르니(향초 다발)이라고 하여 파슬리, 월계수잎, 통후추 및 타임(Thyme) 등을 주머니에 넣어서 스톡과 같이 끓이는데 사용하였다.

(3) 종류 및 형태

① 브라운 스톡(Brown Stock)

갈색이 나는 브라운 스톡은 뼈 및 미로포아를 색이 나도록 볶거나 오븐에 구운 것으로 향이 더 진하며 맛이 강한 편이다. 브라운 스톡는 토마토 페이스트를 볶아서 넣는데 이는 토마토에 함유된 산이 젤라틴 형성을 촉진시키는 동시에 색상을 내는 역할을 하기 때문이다.

② 화이트 스톡(White Stock)

흰색 육수는 흰색이 나는 재료들을 사용하는데 닭뼈 및 생선뼈가 대표적이다. 생선스톡은 생선뼈가 사용되며 30분 이상 끓이지 않는다. 더 이상 가열하면 향이 쓰며 맛이 변질되어 고유의 맛이 생성되지 않는다.

③ 야채 스톡(Vegetable Stock)

채식주의자를 위한 야채 스톡도 있는데 이는 고기가 전혀 들어가지 않으며 순수한 야채로 맛을 낸다.

(4) 준비 및 유의사항

① 반드시 찬물에서 시작한다.
② 시머링(simmering)하여 끓여야 한다. 그렇지 않으면 색이 탁해 질수 있기 때문이다.
③ 조미료나 소금은 넣지 않는다. 왜냐하면 나중에 다시 끓여져 소스나 스튜의 원재료가 되기 때문이다.
④ 고기가 야채보다 먼저 넣어져야 하며 표면에 떠오르는 거품은 수시로 제거한다.
⑤ 지방이나 기름기는 나중에 스톡을 식힌 다음 제거한다.
⑥ 차후 사용을 위해 급속냉동을 하여 보관한다.
• simmering : 은근히 끓이다. 85~96도 사이에서 비교적 높은 열을 유지하면서 내용물이 계속적으로 조리되도록 하여야 한다

3) 수프(Soup)

수프에 대하여 기본적인 이론 구성을 알아보며 종류를 배운다.

[수프 곁들임 조리용어]

- Crouton(크루통): 식빵을 두께, 크리 모두 1cm 네모로 잘라 버터에 볶아낸 것
- Tomato(토마토): 토마토를 콩카세 한 뒤, 버터에 볶아 사용한 것.
- Vermicelle(버미첼리): 가늘게 뽑은 국수를 3~4cm 길이로 잘라 사용 한 것.
- Riz(리): 쌀을 부용에 넣어 삶은 것.

(1) 맑은 수프

전통적으로 맑은 수프는 그 국물 안에 맛이 스며들어 있어 농축시키지 않고 고객이 맛을 느낄 수 있도록 색깔도 깔끔하고 투명하다. 대표적으로 콘소메 수프가 있다.

(2) 차가운 수프

여름철에 아보카도나 오이, 토마토 등의 채소나 계절과잉을 이용하여 만들 수 있는 저칼로리 수프를 말한다.

최근에는 신선한 과일과 채소를 퓌레로 만들어 크림이나 다른 가니쉬를 곁들이는 방법을 많이 사용한다.

대표적으로 스페인의 가스파쵸(GAzpacho)와 폴란드의 오이수프(Cucumber soup)등이 있다.

(3) 면 수프(Noodle Soup)

면이 중심재료로 이용되는 수프를 누들수프라고 하며, 동아시아 및 남동아시아의 주식으로 자리를 잡고 있다. 중국, 필리핀, 베트남, 일본, 한국 및 이태리 등에서 발전된 면을 기본으로 하고 있다.

(4) 비스크(Bisque)

〈비스큐〉는 프랑스식의 진하고 부드러운 크림 상태의 수프를 말하는데 주로

갑각류의 껍질을 우려낸 스톡을 주로 이용한다. 크림을 넣은 다음 끓여서 천에 거르므로 질감이 균일하며 색도 선홍색이다. 종류는 Lobster, Crab, Tomato, Chestnut, Squash, Shrimp bisque 등이 있다.

(5) 차우더(Chowder)

〈차우더〉는 진하고 풍부한 수프의 일종으로 스튜와 가까우며 전통적으로 베이컨, 해물, 부순 크래커나 비스킷류를 포함한 진한 수프를 말한다. 뉴잉글랜드 지방에서는 조개류가 들어가면 클램 차우더수프라고 말하며 만일 토마토를 첨가하면 맨해튼식 차우더 수프라고 말한다.

(6) 크림 수프(Cream soup)

크림이나 우유를 넣어서 만든 전통적인 수프로 베사멜소스와 갖은 흰색 소스를 이용한다. 종류로는 감자, 셀러리, 브로콜리, 콜리플라워, 대파, 양송이 등 재료에 따라서 이용 가능한 메뉴가 굉장히 다양하다.

4) 샐러드(Salad)

채소를 주재료로 하며 부재료를 합쳐 만들어 고기를 많이 섭취하는 현대인에게 비타민과 무기질을 공급한다. 샐러드는 채소를 중심으로 고기, 가금류, 파스타, 해물 및 과일 등을 동반하는 음식으로 수프 다음에 위치하며 메인음식과 같이 제공된다.

① Green salad

채소로만 구성되며 〈그린샐러드〉 혹은 〈가든샐러드〉라고 칭한다. 양상추, 시금치 및 아스파라거스 등 무한하다. 채소가 가지는 저칼로리 및 식이섬유 때문에 다이어트 식품으로 각광을 받고 있다.

② Vegetable salad

〈채소샐러드〉는 그린샐러드의 범주에 속해 있으며 그린샐러드가 잎채소를 주로 사용하는 반면에 채소 샐러드는 오이, 피망, 버섯, 양파 등 그린색상을 넘어서는 다른 채소들의 사용이 자유로우며 고명으로 삶은 달걀, 올리브, 치즈 등도 사용된다.

③ Bound salad

〈바운드 샐러드〉는 마요네즈나 겨자같은 진한 소스 등으로 볼에서 버무려 믹스된 샐러드를 말하며 Mixed Salad라 칭한다. 참치샐러드, 감자샐러드 및 파스타샐러드 등은 이러한 범주에 들어갈 수 있다. 바운드 샐러드는 샌드위치용 속 채우기(Filling)로도 사용된다.

④ Main Course Salads

샐러드라고 하기보다는 한 끼 식사에 가까운 샐러드로 앙뜨레샐러드라고 불려진다. 샐러드에 여러 방법으로 요리된 육류, 치킨, 해산물 등이 같이 첨가되어 있다.

⑤ Fruit Salads

과일로 만든 샐러드로 지역에서 나는 계절의 과일을 이용하거나 통조림에서 가공된 과일을 사용하여 만든다.

⑥ Appitizer Salad

전채샐러드는 식욕을 촉진시키는 목적의 샐러드로 최근의 경향은 샐러드 코스를 빼고 전채 샐러드로 진화하는 경향이 있다.

5) 드레싱(Dressing)

샐러드에 사용되는 소스는 일반적으로 드레싱이라 한다. 서구의 경우, 드레싱은 크게 3종류로 나누어 진다.

① 비네그렛트(Vinaigretté)

〈비네그렛트〉 드레싱은 식초를 기반으로 기름 및 허브 및 스파이스로 향을 가미한 액상혼합물을 칭한다.

여러 응용방법이 있지만 가장 기본인 것은 식초와 기름의 비율을 3:1로 맞추는 것이다.

식초와 기름은 서로 융합되지 않으므로 사용시에는 반드시 거품기로 휘저은 다음 사용하여야 한다.

발사믹 비네거는 양파 및 기타 양념을 발사믹식초에 넣은 것이며 비네그렛트는 또한 절임 목적으로도 사용이 된다.

② 액상 드레싱

마요네즈를 기반으로 하되 요거트나 사워 크림(Sour Cream) 등도 사용한다.

③ 가열 조제 드레싱

액상 드레싱과 유사하나 달걀노른자를 넣어 가열한 것을 말한다.

6) 주 요리(Main Dishes)

(1) 주요리의 개념

서양요리에서 에피타이저와 수프, 샐러드로 입맛을 돋군 다음 먹는 요리를 말한다. 재료의 종류에 따라 여러 가지로 나뉘어 진다. 주요리는 크게 생선요리와 육류요리로 나뉘며, 생선요리로써 흔히 사용되는 어패류는 지방질이 적고 살이 흰 생선류를 주로 하며 연어나 송어, 대구, 청어, 가자미 등을 사용한다.

육류요리는 식사의 중심이 되는 주요리가 된다. 보통 생선요리의 다음으로 나오며 사용되는 육류의 종류는 쇠고기, 돼지고기, 양고기 및 닭, 오리, 칠면조 등이 주로 있다. 그리고 생선(갑각류 포함)등 메인요리의 범위는 다양하나 주로 쇠고기 류가 주종을 이루고 있다.

(2) 주요리 식재료의 종류

① 쇠고기(Beef)

약 일만년 전부터 서부아시아인들은 소를 사육하기 시작했다고 한다. 우리나라의 재래종 소는 인도 계통이 조상이며, 현재의 것은 개량종이다. 중국의 유목민들에 의하여 전해진 것으로 보이며, 단군신화에도 소를 사육한 기록이 있다. 소고기를 이용한 우리나라의 전통 조리법은 서양의 직화열에 의한 구이중심 요리와는 다랐며, 조리법은 문화에 따라 다르게 나타난다. 육질과 조리할 부위에 따라 다르다.

소 한 마리의 식용 부위는 대체적으로 35% 정도이며, 조리에 사용되는 식용 부위는 주로 골격근 으로 구성되는 살코기를 말하지만 넓게 혀, 꼬리, 간과 같은 가식장기도 식용으로 사용할 수 있다. 소는 그 품종이 다양하여 우유용, 식육용, 사육용으로 나뉘고, 원산지, 뿔의 모양, 성별, 개량상황 등에 따라 분류하기도 한다. 소로부터 얻는 수육을 쇠고기라 하며, 이것은 우리 인간이 가장 많이 먹는 고기다. 예난 지금이나 쇠고기는 어떠한 다른 식육보다 인기가 많다. 성과 나이가 쇠고기의 맛과 품질을 결정지으며, 가격의 차이로 반영되고 있다.

육질에 영향을 미치는 또 다른 요인중의 하나는 사료에 있다. 적어도 90일에서 1년 사이의 기간 동안 곡물로 사육한 소에서 얻은 고기는 최고급품인 최상급과 상등급으로 분류된다. 이 소들은 대부분 4월과 5월에 판매된다. 반면에 약간의 특수 곡물을 먹이거나 전혀 먹이지 않으면서 목초 위에서 사육한 소의 고기는 대부분 가을에 판매된다. 이러한 지육은 대부분 상급이나 표준급에 해당된다. 곡물사육 우육보다 목초 사육우육이 질기며, 맛과 향이 현저히 떨어진다.

또한 다양한 부위로 나누어진 다음 요리에 이용된다. 고기를 부위로 나누는 까닭은 상업적인 목적과 요리적인 목적이 있는데 전자는 쇠고기 도체를 경제적인 목적에서 최대한 이용하여 이윤을 취하는 목적이고 후자는 요리에 맞는 부위를 사용하여 최상의 요리를 만들기 목적이다.

구분	명칭	구분	명칭
등심	Sirloin	티본	T-Bone
목심	Chuck	우둔	Round
앞다리	Shank	설도	Flank, Butt
갈비	Rib	채끝	Strip loin
양지	Brisket	안심	Tenderloin

(가) 쇠고기의 분류

① 수 송아지: 어릴 때 거세한 송아지육으로 대부분 최상급 또는 상등급에 해당한다.

② 어린 암소: 처녀 암소로 수송아지 다음으로 품질이 뛰어나다. 수송아지보다 빨리 성숙하고 살이 찐다.

③ 암소: 1~2마리의 송아지를 낳은 암컷으로 노란색의 불균일한 지방층을 가

지고 있다. 송아지나 우유를 산출할 때까지 사육하므로 대부분 나이가 들며, 나이는 육질에 영향을 미치기 때문에 표준급과 판매급에 해당한다.

④ 거세한 황소: 성적으로 성숙한 후에 거세한 수컷이다. 일반적으로 수육의 마블링과 조식의 품질이 낮으므로 판매급 이하 통조림에 해당한다. 거세한 황소고기는 대부분 통조림과 건조용으로 판매된다.

⑤ 황소: 성적으로 성숙하고 거세하지 않은 수컷이다. 지방질보다 육질이 많으며, 진홍색을 띠고 있다. 최하급의 쇠고기로 소시지와 건조용으로 사용한다.

〈미국의 쇠고기 분류기준 8등급〉

① 최상급(Prime): 고급호텔이나 전문 식당에서 주로 사용하며, 총 생산량의 4%미만이기 때문에 가격이 비싸다. 육질은 연한 그물 조직이며, 단단한 우유 빛의 두꺼운 지방으로 쌓여있으므로 숙성시키기에 적합하다.

② 상등급(Choice): 최상급보다 마블링이 적으나 육질은 연한 그물 조직이며 맛과 육즙이 풍부하다. 생산량도 많고 경제적인 가격이므로 인기도 좋으며 소비량도 많다.

③ 상급(Good): 지방의 함량이 적기 때문에 요리하면 덜 수축되는 경제적인 쇠고기이다.

④ 표준급(Standard): 살코기의 비율이 높고, 지방의 함량이 적으며 위의 등급보다 맛이 떨어진다.

⑤ 판매급(Commercial): 성우육으로 맛은 풍부하지만 질기기 때문에 연해지도록 천천히 요리하여야 한다.

⑥ 보통급(Utility), 분쇄급(Cutter), 통조림급(Canner): 위의 등급보다 맛과 향은 떨어지지만 경제적으로 유리하기 때문에 제조가공하거나 기계에 갈아서 사용하기에 적합하다.

② 돼지고기(Pork: Porc)

돼지고기의 주성분은 단백질과 지방질이며, 무기질과 비타민류도 소량 함유되어있다. 연령과 부위에 따라 다르나 윤기가 나고 엷은 핑크빛이 양질이다. 단백질과 지방이 많으며, 고기섬유가 가늘고 연하므로 소화율이 95%에 달한다. 지방의 성질은 육질 즉 고기 맛을 좌우한다. 지방은 희고 단단한 것이 좋다.

돼지고기는 쇠고기와는 달리 보수력이 약하므로 상온에 방치해두면 쉽게 육즙이 생겨서 조리시에 양이 줄어드는 손실이 오게된다. 돼지고기의 부위는 안심, 등심, 볼깃살(다리허벅지살), 어깨살, 삼겹살, 햄, 베이컨 등으로 가공하여 저장하기도 하고, 지방으로 라드를 만들어 식용 또는 공업용으로 사용하기도 한다.

베이컨은 삼겹살을 절단한 다음 소금과 향신료에 절여서 건조와 훈현을 한 것으로 지방이 많은 것이 특징이다. 햄은 허벅다리 살을 소금과 향신료 등으로 절여서 훈연한 것으로 지방이 적고 담백하다. 소시지는 원료나 만드는 방법에 따라 여러 가지가 있다. 비엔나, 블러드, 리버, 살라미, 드라이 등이 있다.

돼지고기는 쇠고기와 같이 지방질이 마블링 형태로 골격근에 산재해 있는 것이 아니라, 따로따로 분리되어 있으므로 요리를 할 때에는 살코기 주위의 지방을 완전히 제거하지 말고 조금 남겨두고 조리한 후에 제거하는 것이 바람직하다. 지방을 남겨두고 조리하면 익은 고기가 퍼석퍼석하지 않고 부드럽고 연하게 유지된다. 또한 돼지고기는 기생충에 노출될 확률이 높으므로 충분히 익도록 조리하여야 한다.

③ 양고기(Lamb)

양고기는 쇠고기보다 엷으나 돼지고기보다 진한 선홍색이다. 근섬유는 가늘고 조직이 약하기 때문에 소화가 잘 되고 특유의 향이 있다. 성숙한 양고기는 향이 강하며, 이특유의 향을 약화시키기 위하여 조리할 때 민트(박하)나 로즈마리를 많이 이용한다. 생후 1년 이내의 어린양을 램이라 하며, 특유의 향이 약하므로 레몬주스나 식초를 약간 가미하면 거의 없어진다. 양의 원산지는 카시밀에서 이란과 소아시아 지역에 분포하는 야생종인 우랄 양이다. 현재 세계적으로 분포하는 양들은 이들의 교잡종으로 고기, 젖을 주로하는 양이 있는가하면, 이들을 겸하는 종류도 있다. 양고기 요리는 서남 아시아인들이 즐겨 먹으며, 양갈비 구이가 유명한 요리중의 하나이다.

④ 가금류(Poultry)

식용 가금으로는 닭, 칠면조, 오리, 거위, 꿩, 메추리 등이 있다. 오늘날에 식용으로 이용되는 닭은 지금부터 약 3~4천년 전 동남아에서 들판에 있는 야생닭을 사육하여 개량한 것으로 알려지고 있다.

닭고기는 피하에 노란 지방질이 많으나 근육질에는 적어 담백하고 연하므로 미식가들이 즐겨먹는다.

식용으로 사용하는 닭은 병아리(400g 이하), 영계(800g 이하), 중닭(1200g 이하), 성계(1600g 이하나 그 이상), 노계 등으로 나뉜다. 산란을 오래한 노계나 닭살을 바르고 나온 뼈는 스톡이나 부용을 만드는데 사용한다. 우리나라 사람들은 닭다리 요리를 선호하지만 서양인은 가슴살을 선호한다. 그것은 아마도 요리 방법에 따르는 맛 때문에 생긴 성향이 아닌가 생각된다. 닭을 도살하고 2~3일 동안 낮은 온도의 냉장고에서 숙성시키면 육질이 연하고 맛이 좋아진다.

칠면조는 아메리카 대륙이 원산지로 콜롬버스의 신대륙 발견 이후에 유럽에 전해졌다.

칠면조 요리는 추수감사절이나, 크리스마스에 등장하는 요리로서 일년내내 먹기 시작한 것은 최근일이다. 칠면조는 크기에 비하여 고기가 적으며 저렴한 가격에 거래되고 있다.

오리는 고기보다 뼈와 지방질이 많으며, 연한 것이 특징이다. 오리보다 지방질이 더 많은 거위는 중국과 유럽에서 야생하는 기러기를 육용으로 사육한 것이 지금의 것이 되었다. 거위는 고기보다 강제 사육하여 (푸아그라)를 생산하는 것으로 유명하다.

⑤ 생선류(Fish)

▶생선코스의 개념

생선코스는 수프 다음에 내놓는 요리로서 바다 생선, 물고기, 갑각류, 패류, 식용개구리 등 여러 가지를 사용한다. 생선코스는 일반적으로 핫 에피타이져로 불리는데 생선코스라고 해서 꼭 생선만 사용해 만드는 것이 아니고, 예를 들면 주요리가 생선일 경우에는 거위 간이나 달팽이 등과 같이 생선이 아닌 식재료를 사용하기도 한다.

▶생선의 분류

생선은 수조육과 더불어 인간에게 중요한 단백질 공급원 이였다. 옛날부터 바다와 하천으로부터 어패류를 획득하여 식량의 일부로 충당하여 왔으며, 미래 학자들은 해양식량을 인류하고 영원한 미래의 식량으로 꼽고 있다. 어패류는 서식 장소에 따라 담수어와 해수어로 나뉜다.

서양요리에서 주로 사용되는 어패류는 연어(Salmon), 송어(Trout), 대구(Cod), 청어(Herring), 참치(Tuna), 가자미(Sole), 조개류(Clams, Scallops), 굴(Oyster) 등이다. 물론 이외의 다수의 어패류가 조리에 이용되고 있다. 어육의 일반적인 성분비는 종류에 따라 다르기는 하지만 대체로 수분이 70~80%, 단백질이 19%, 지방이 5%, 무기질이 1% 정도이며 극소량의 탄수화물을 함유하고 있는 것으로 나타나고 있다.

생선은 먹을 수 있는 부위와 먹을 수 없는 부위가 대략 반반 정도이다. 먹을 수 있는 부위는 조리 내용물로 사용되지만 뼈나 지느러미와 같이 먹을 수 없는 부위는 스톡이나 부용을 만드는데 이용한다. 붉은 살 어류는 연어와 같은 회유어에 많이 나타나고, 대부분의 생선은 정착성 어류로 흰색살을 가진다. 갈색빛을 띠는 어류(꽁치, 멸치, 고등어)도 있다.

▶생선의 특징

어패류도 동물과 마찬가지로, 사후 1~3시간 이내에 근육 강직이 일어나는데, 이는 어류의 종류, 어획 시의 처리 상황, 어획 후에 관리 상태에 따라 강직 시간 이 다르게 나타난다. 어육의 신선도를 오래 유지하려면 강직 상태에 오래 지속하 도록 하는 것이 좋다. 사후 경직이 끝나면 자기소화를 거쳐 부패가 일어난다. 흰색살 생선보다 갈색살 생선이, 해수어(40~45도)가 자기소화가 더 빨리 일어난다.

어육은 식육에 비하여 강직이 약하므로 자기소화도 일어나기 쉽고, 쉽게 부패에 이르게 된다. 자기소화가 진행된 어패류는 조직이 연화되기 쉬우며, 풍미도 떨어져서 생식에는 적합하지 않으나 조리에는 이용할 수 있다. 대부분의 생선은 산란 직전이 가장 맛있는 시기이다. 우리나라에서도 산란기에 영광 앞바다로 상류 하는 조기를 잡아 말린, 황조를 띤 암조기를 영광굴비라고 하여 최고의 조기로 여겨왔다. 그러나 조개류는 독성이 나타나므로 주의해야 한다. 굴(Oyster)

은 산란기인 여름(5~8월)에는 독성이 있어 먹지 않는다. 홍합의 경우도 산란기인 여름에 먹으면 독상으로 인한 치명적인 피해까지는 아니더라도 입안이 얼얼하다.

TIP 신선한 생선의 특징

① 생선의 표피를 손가락으로 눌렀을 때 탄력이 있어야 한다.
② 아가미의 색깔이 빨갛고 단단해야 한다.
③ 생선을 들었을 때 꼬리가 처지지 않고 쭉 뻗어야 싱싱한 것이다.
④ 눈이 툭 튀어나오고 밝고 투명한 것이어야 한다.
⑤ 복부가 단단하고 해체했을 때 뼈에 잘 붙어있어야 한다.
⑥ 비늘이 윤기가 있고, 표피에 잘 붙어있어야 한다.

▶생선의 취급과 손질

아무리 좋은 생선이라 할지라도 취급과 조리과정에서 부주의하면 최선의 조리작품을 만들 수가 없다. 다음은 생선을 취급하거나 조리할 때 유의하여야 할 점이다

① 생선을 만지작거리면 손의 체온이 생선에 전달되어 부패가 빨리 일어나므로 조리 시 이외에는 만지지 않는 것이 좋다.
② 생선을 다듬어 소금물이나 물로 씻어준다.
③ 손질한 생선은 타월에 찬물을 적셔서 덮은 다음 곧바로 10도 이하로 냉장한다. 냉장할 때는 얼음이 직접 생선에 닿지 않도록 비닐이나 타월로 차단한다.
④ 냉동생선을 사용할 땐 냉장실에서 하루정도 해동한다.
⑤ 생선을 구울 때는 껍질이 아래쪽으로 가게한다. 표면에 오일을 바르면서 낮은 온도에서 천천히 굽는다.
⑥ 비린내를 제거하기 위하여 와인, 파, 마늘, 생강, 레몬주스 향을 첨가한다
⑦ 접시의 위로 올라오는 부분이 갈색이 나도록 먼저 굽는다.
⑧ 쿠르부이용(Court Bouillon)으로 생선의 비린내를 약화 시킬 수 있다.

⑨ 생선을 절단하기 전에 꼬리부분의 뼈를 잘라 피를 제거하면 양질의 생선살을 얻을 수 있다.

⑩ 갑각류는 너무 익히면 질겨지므로 단시간에 짧게 조리해야 한다.

(3) 굽기 정도의 표현

일반적으로 외국인들은 미디엄과 미디엄웰을 가장 선호한다. 미디엄의 경우 고기 온도는 63~68℃ 정도이며 단면 절단시 중앙이 핑크색이며 표면으로 갈수록 갈색으로 된다.

굽기정도	Temperature
블루 레어	약 115~125°F (46~52℃)
레어	약 125~135°F (52~57℃)
미디엄 레어	약 135~145°F (57~63℃)
미디엄	약 145~155°F (63~68℃)
미디엄 웰던	약 155~165°F (68~74℃)
웰던	약 165°F (74℃)

(4) 마블링

마블링(marbling)은 육류를 연하게 하고 육즙이 많게 하는 지방의 분포를 말한다. 마블링은 고기의 근육 조직을 관통하는 작은 지방 조각 또는 지방의 얇은 층으로 고기의 풍미나 부드러움, 육즙 등을 더욱 풍부하게 한다. 고기는 마블링에 따라 육질을 평가하며, 지방이 거의 없는 육류의 경우 맛이나 향을 좋게 하기 위해서 지방을 넣어주는 라딩(larding)을 하기도 한다.

(5) Side Dishes

감자요리(Potato Dish), 호박요리(Pumpkin Dish), 버섯요리(Mushroom Dish), 콩 요리(Beans Dish), 쌀 요리(Rice Dish), 마늘요리(Garlic Dish), 토마토요리(Tomato Dish)등이 있으며, 같은 요리라 하더라도 재료의 질이나 조리사의 실력에 따라 외관이나 맛의 차이가 있으며, 주 요리 외에도 사이드 메뉴가 곁들여져 나온다.

7) 소스(Sauce)

소스는 단독으로 사용되는 것이 아니라 음식에 맛, 향, 윤기 및 풍미를 더하여 주는 요리의 보조적인 재료이다.

(1) 소스의 분류

5대 모체소스를 살펴보고 현대적 의미에서 이를 살펴본다.

〈By Chef Auguste Escoffier's five mother sauces〉

① Sauce Bechamel(베샤멜 소스)

→ Milk based sauce, thickened with a white roux.

② Sauce Belout´e(벨루떼 소스)

→ White stock based sauce, thickened whit a roux or a liaison

③ Sauce Tomato(토마토 소스)

→ Tomato based sauce, thickened with a roux.

④ Sauce Espagnole(에스파뇰 소스)

→ Roaster veal stock based sauce. thickened with a brown roux.

⑤ Sauce Hollandais(홀렌다이즈 소스)

→ Egg yolk and butter based, thickened with Emulsion

▲ 베샤멜 소스

▲ 벨루떼 소스

▲ 토마토 소스

▲ 에스파뇰 소스

▲ 홀렌다이즈 소스

(2) 농후제(thickening agent)

점착성과 점도를 필요로 하는 식품에 첨가하는 것으로 주로 곡류로부터 만들며 액체혼합물을 더 걸쭉한 형태로 바뀌게 한다.

① 루(Roux)

Roux는 색상에 따라 흰색 루는 흰색, 블론드루는 연갈색, 브라운루는 진한 갈색으로 소스의 색상을 변화시킨다.

② 베르 마니에(Beurre Manie)

버터와 밀가루를 같은 비율로 섞어 만들며 루 대신에 소스나 수프에 넣어 맛을 증진시키고 농도를 진하게 한다.

③ 전분(Starch)

전분은 감자나 고구마, 옥수수로 만들며 중국요리에 특히 많이 사용된다. 이외에도 모든 분말성 녹말가루가 가능하며 종류는 메밀가루, 쌀가루, 칡가루, 피등이 있다.

④ 달걀(Egg)

달걀의 노른자를 이용하여 농도와 맛의 풍미를 증진시킨다. 예로 "까르보나라"에 리에종이 있다.

(3) 모체소스의 색상(Color of Five Mother Sauce)

5대 모체소스는 사용되는 재료에 따라서 색상이 달라지는데 흰색은 밀가루, 우유 및 크림, 갈색은 갈색 루, 갈색 육수에 의한 것이며 노란색은 달걀노른자, 빨간색은 토마토나 퓌레 및 케첩 등에 의한 것이다.

(4) 5대 소스 및 파생소스

5대 소스를 모체로 하여 추가적인 재료와 함께 가공하면 여러 가지 새로운 파생소스를 만들어 낼 수 있다.

색 분류	모체 소스	설명	파생 소스
갈색	Demi glace sauce	주재료는 브라운스톡을 농축시켜 만드는 소스 데미글라스나 에스파냐소스를 모체 소스로 한다.	chateaubriand maderia colbert bigarade porto zingara hunter perigueux perigourdin bordelaise
흰색	Bechamel sauce	주재료는 우유와 흰색 루로 만들어지며, 주로 닭 요리, 생선, 채소 등 다양하게 사용한다.	mornay cream nantua modern cardinal mustard soubise caper
미색	Veloute sauce	주재료는 피시스톡, 치킨스톡, 비프스톡등의 스톡을 주재료로 모채는 벨루때 소스이다.	alleamande supreme albufera aurora lvory bercy cardinal normandy albufera
적색	Tomato sauce	주재료는 토마토로 홀 토마토를 이용하여 자체 농도를 만들어 이용한다.	provencale bolonaise napolitan pizza meat
노란색	Hollandaise sauce	주재료는 달걀에 정제버터로 만든 마요네즈를 베이스로 만들어 사용한다.	bearnaize foyot maltase mousseline chantilly rachel

8) 디저트(Dessert)

　　디저트는 음식의 마지막 단계에 제공되는 요리로 주로 단맛이 나는 제과류나 과일 등이 있다.

3. 실기메뉴 목록표(총 20종)

번호	중심 재료	메뉴 명칭(영문, 국문)
1	Chix	감자퓌레를 곁들인 채소로 속을 채운 닭가슴살 요리와 토마토 소스 Potato Puree add stuffed chicken with Vegetables with Tomato sauce
2	Beef	건자두로 속을 채운 쇠고기안심 스테이크와 차이브 소스 Dry Plums of Beef fillet with chive Sauce
3	Pork	건살구와 사과로 속을 채운 돼지등심구이와 사과소스 Pork Tenderloin Stuffed with Dry Apricot accompanied by Apple Sauce
4	Chix	구운 닭가슴살과 슈프림소스 Chicken Breast Accompanied by Supreme Sauce
5	Beef	도피네 포테이토를 곁들인 팬에 구워 익힌 안심과 이탈리안소스 Dauphine Potato add pan-fried beef tenderloin in italian sauce
6	Lamb	땅콩크러스트로 감싼 양갈비구이와 프로방샬소스 Grilled Rack of Lamb with Peanut Crust accompanied by Provencial sauce
7	Chix	라따뚤리를 곁들인 치킨 꼬르동 블루와 오렌지소스 Chicken Cordon Bleu and Ratatouille with Orange Sauce
8	Beef	로스트 포테이토를 곁들인 버섯뒥셀을 얹은 소고기 안심스테이크와 베어네이즈소스 Roesti Potato add Beef Tenderloin Steak topped with mushroom duxelle accompanied by bearnaise sauce
9	Beef	안나 포테이토를 곁들인 소 안심구이와 리오네즈소스 Anna Potato add Grilled Beef Tenderloin with Lyonnaise Sauce
10	Fish	리코이즈 야채를 곁들인 적도미크러스트와 레몬 버터 소스 Ricois Vegetable add Red Snapper Herb Crust, And Lemon Butter Sauce

번호	중심 재료	메뉴 명칭(영문, 국문)
11	Chix	리코타치즈와 시금치로 스터프드한 닭가슴살과 샤프랑소스 Chicken Breast stuffed with Ricotta Cheese and spinach in saffron sauce
12	Beef	마늘향을 첨가한 안심스테이크와 보흐델레즈소스 Stuffed Garlic Flavored beef Tenderloin Steak with Bordelaise Sauce
13	Poultry	크레페에 감싸 구운 메추리구이와 비가라드소스 Roasted Quail Wrapped in crepe with Bigarde Sauce
14	Duck	비가라드 소스를 곁들인 구운 오리가슴살 Roasted Duck Breast with Bigarade Sauce
15	Salmon	샤프론 리조토를 곁들인 연어스테이크와 레몬크림 소스 Saffron Risoto add Salmon Steak with Lemon cream sauce
16	Chix	윌리엄 포테이토를 곁들인 크랜베리를 채운 닭가슴살 롤(롤라드) 요리와 허브소스 William Potato add Chicken rolls stuffed with Cranberry and herb sauce
17	Chix	파르망티에 포테이토를 곁들인 햄과 치즈로 속을 채운 하와이안 스타일의 닭가슴살구이 파인애플 소스 Parmentier Potato add Pan Fried Hawaiian Style and ham and cheese stuffed Chicken Breast with Pineapple Sauce
18	Beef	페이스트리 반죽으로 구운 소안심 웰링턴과 팬그레이비소스 Pastry Dough with Beef Tenderloin Wellington and Pan Gravy Sauce
19	Pork	폴렌타를 곁들인 돼지안심과 머스터드 크림소스 Polenta add Pork Tenderoin with Mustard Cream Sauce
20	Beef	플랜 포테이토를 곁들인 소 안심구이와 포요트소스 Flan Potato add Grilled Beef Tenderloin with Foyot Sauce

4. 요리직종설명서

1) 직종정의

    각종 식재료와 조리 장비, 기구, 도구 등을 사용하여 맛과 영양, 작품성, 위생 등을 고려하여 음식을 만드는 직종

2) 작업범위

- 경기과제는 실기작업으로만 구성한다.
- 각 과제당 3인분씩 조리한다(1인분은 참관인들을 위한 전시용으로 하고, 2인분은 심사용으로 한다).
- 지방대회 조리 공정은 제1과제(Fingerfood/냉요리), 제2과제(Meat/더운요리), 제3과제(Dessert/냉요리 및 더운요리), 로 나누어 구성한다.
- 전국대회 조리 공정은 제1과제(Fingerfood/냉요리), 제2과제(Meat/더운요리), 제3과제(Dessert/냉요리 및 더운요리)로 나누어 구성한다.
- 작업법위는 국제기능올림픽 대회 형식에 의거한 맛, 위생, 준비과정, 그릇 담기 등으로 구성하며 세부항목은 배점기준 및 채점방법표를 참조한다.

3) 경기과제에 관한 사항

(1) 과제 제작시간

- 지방기능경기대회 : 12시간(6시간×3일)을 초과할 수 없다.
- 전국기능경기대회 : 12시간(6시간×3일)을 초과할 수 없다.

(2) 작업내용

순번	과제명	주요 작업내용	시간	비고
1	Fingerfood	냉요리 작업	120분 정도	주어진 과제
2	Meat	더운요리 작업	120분 정도	주어진 과제
3	Dessert	냉요리 및 더운요리 작업	120분 정도	주어진 과제
계			360분(6시간)	

(3) 과제의 공개범위

- 과제명과 요구사항을 대회전에 사전 공개할 수 있다.
- 공개과제의 범위와 시기, 방법 등은 한국위원회에서 정한다.

(4) 과제 출제 시 유의사항(전국대회)

- 과제 출제 시 인근 시도와 똑같이 작성하여 식재료만 바꾸어 놓은 형태의 과제가 출제된 사례가 있는데 이러한 과제는 전부 무효로 처리한다.
- 같은 식품군(육류, 어패류, 가금류)이 한 과제 이상 중복되면 안 된다.
- 같은 조리법이 중복이 되어서는 안 된다.
  ※복합조리법(combination cooking methods)시 한 가지 조리법 중복은 예외로 한다.
- 과제를 출제할 때 포괄적인 개념으로 큰 카테고리(category)를 작성하여 주어진 필수재료 및 부재료를 사용하여 최대한 선수의 창의력을 끌어 낼 수 있도록 한다. 예를 들면 전주비빔밥이라고 작성하여 전주비빔밥에 올바른 재료가 들어갔는지, 전주식으로 하는지가 주 채점의 관점이 되어서는 안 되며, 국제기능경기대회가 요구하는 방향도 아니다. 올바른 작성 방법은 예를 들면 "전주비빔밥" 대신에 "육회를 이용한 비빔밥"으로 작성하여 육회 및 주어진 필수재료 및 부재료를 가지고 최고의 창의력을 발휘할 수 있도록 선택의 폭을 넓혀 주는 것이다. 다른 또 하나의 예를 들자면 펍 페이스트(Puff paste), 마슈룸 딕쉘(mushroom duxelles), 벨루떼 소스 (Sauce Veloute), 스시, 김치 등 이와 같이 일반적으로 잘 알려져 있고, 기본적이며 큰 카테고리에 들어있는 것들이 제시되어야 한다. 펍 페이스트가 과제에 제시된 예를 들자면 들어가는 필수재료에 선수가 오징어 먹물을 추가하여 검은색의 펍 페이스트를 만들어, 펍 페이스트 기본을 지키면서 색감 및 영양학적으로 긍정적인 변화를 주었다면 심사위원에 따라 창의력이라고 볼 수도 있으며 가산점이 될 수 있다. 즉 선수는 명시된 과제의 기본적인 틀을 지키며 주어진 메뉴를 본인의 해석으로 창 의적이며 맛, 모양, 영양, 위생 등 더 나은 작품(음식)이 탄생할 수 있게 하는 것이 기능경기를 위한 과제 출제의 올바른 방법이다.

- 또한 과제의 요구사항에 있어 어떻게 하라는 지시사항, 방법(기본사항) 등이 필요 이상 혹은 너무 구체적으로 나열 한 경우 선수가 더 창의적이면서 더 나은 방법을 알고 있는데도 불구하고 그런 조건들을 지키기 위해 대부분 선수들의 음식의 모양, 접시담기 등이 일률적으로 흡사하며 제한적인 경우가 많다. 핑그푸드(finger food) 같이 기본적으로 요구되는 규격사이즈, 일인분 포숀 사이즈(portion size) 및 필수재료 등 정량적(객관적) 평가를 할 수 있는 요구 사항만 포함, 포괄적으로 요구하는 것이 올바른 방법이다.

(5) 올바른 과제출제를 위한 예시(전국대회)

(올바른 예)

토마토소스를 베이스로 하여 주어진 재료(필수 및 부재료)를 첨가하여 어울리는 소스를 만들어 사용하시오

☞ 주어진 재료로 요리와 어울리는 소스를 만들도록 유도한다.

(올바른 예)

주어진 양갈비(Rack of Lamb)와 필수 식재료(빵가루, 버터, 허브 등)와 부재료를 이용하여 2가지 이상의 조리방법을 사용하여 조리하시오.

☞ 선수에게 주어진 재료로 요리와 어울리는 조리법을 유도하며 불필요한 설명은 하지 않는다.

(올바른 예)

1인분에 250g(뼈포함) 혹은 140g(뼈제거) 이상이 되어야 하며, 락 오브 램(Rack of Lamb), 램 찹(Lamb Chop) 혹은 뼈를 제거한 램 로인(Loin of lamb) 상태 등 meat 형태는 개인 창의력으로 담아낼 수 있다.

☞ 접시에 담을 때 한 가지 형태가 아닌 여려가지 독창적인 접시 담기(presentation)가 연출될 수 있도록 유도한다.

(올바른 예)

Lamb jus 및 주어진 재료를 이용하여 어울리는 소스 1가지를 만드시오.

☞ 선수가 주어진 재료로 요리와 어울리는 소스를 만들도록 유도하며 불필요한 설명은 하지 않는다.

(올바른 예)

Pork fillet을 주재료로 사용하여 Pork mushroom bread를 만드시오.

☞ 널리 알려져 있지 않거나, 일반적이지 않은 용어는 사용하지 않는다.

(올바른 예)

사용 지양(껍질을 사용하시오)

☞ 구체적으로 조리과정 및 조리법까지 지시하여 창의력 발휘가 제한적이다.

바. 과제수정에 관한 사항

- 과제 수정은 전체적인 과제의 틀을 유지하면서 공개된 지급재료, 지참공구, 시설장비 등을 감안하여 심사장의 운용 하에 30% 이내를 수정함.

4) 사용재료

- 지급재료목록과 지참재료목록(규정 재료와 공통 재료)을 사용하도록 한다.
- 각 과제별 재료목록은 대회전에 사전 공개함을 원칙으로 한다.
- 기준재료(compulsory ingredients)는 과제수행 시 반드시 사용해야 하는 재료로서 주어진 과제의 메인재료를 포함하여 출제자가 의도하는 과제의 틀에 반드시 들어가야 하는 재료를 말한다.
- 부재료(common ingredients)는 과제 수행 시 기준재료를 제외한 일반재료(양념성 재료 포함)를 말하며, 반드시 사용하지 않아도 된다. 주로 출제자가 요구하는 과제의 기준재료 와 가장 부응한 재료로 구성한다.

  ※ 사용재료목록은 과제별 출제과제에 따라 다르다.

5) 경기장 구성 및 배치

(1) 경기장 구성

- 참가 선수 인원 기준에 따라 경기를 할 수 있도록 조리시설을 구성한다.
- 전국기능대회는 국제기능대회 시설규정에 준한 조리시설을 준비한다.
- 조리용 오븐, 싱크대, 조리대, 가스레인지 등의 시설을 갖춘다.
- 작업대 1인당 소요 면적은 $10.0m^3$(약 3평) 이상으로 한다.

(2) 경기장 배치도

- 심사위원석 및 배치는 경기장 사항에 따라 달리할 수 있다.
- 통제선 및 관람석을 설치한다.

[경기장 배치도]

(작품 전시대)

(작품 채점 테이블)

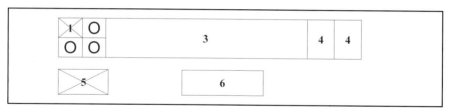

[개인 조리대 확대 단면]

1. 스토브 톱 그릴(hot top range) 3. 조리대(working table) 5. 전기오븐(electric oven)
2. 오픈 스토브(open stove) 4. 싱크대(sink) 6. 냉장 및 냉동고(refrigerator & freezer)

관람석 전시대

＊ (세미나 테이블)

6) 경기장 시설 · 장비목록

(1) 경기장 시설목록

번호	장비명	규격	단위	필요수량		비고
				활용인원	수량	
1	콤비오븐	4구 가스 또는 전기(스팀, 컨벡션, 전자렌지 기능)	대	1	1	
2	가스레인지	1인용 3구, 높이 80~90cm	대	1	1	
3	씽크대	2조 씽크	대	1	1	
4	조리대	140cm×80cm, 높이 1m	대	1	1	
5	트레이	40×40cm 정도(재료 수거용)	개	1	1	플라스틱고무
6	쓰레기통	30×30×50cm(일반 쓰레기용, 음식물쓰레기용)	개	1	2	분리수거
7	스테인레스 컵 (물컵)	소	개	1	10	양념 및 액체 보관용도

번호	장비명	규격	단위	필요수량		비고
				활용인원	수량	
8	Fingerfood 접시(platter)	지름 14인치, 오발(oval) 흰색	개	1	3	백자기
9	수프볼	지름 6인치	개	1	3	백자기
10	Meat접시	지름 12인치, 흰색	개	1	3	백자기
11	Dessert 접시	지름 10인치, 흰색	개	1	3	백자기
12	파이팬	지름 10인치	개	1	2	알루미늄
13	G.N pan	1/2 size	개	1	3	스텐
14	G.N pan	1/9 size	개	1	6	스텐
15	소스보트	소형	개	1	2	스텐
16	드레싱보트	소형	개	1	2	스텐
17	팀벌몰드(timbale mold)	직경 4.5×높이 5.5cm	개	1	3	
18	테이블	심사위원 시식용(전체 선수의 작품을 시식할 수 있는 정도의 테이블 수)	대	13	1	1개는 공개채점용
19	의자	심사위원용(공개채점)	개	14	14	
20	작품 전시대	진열용(전체 선수의 작품을 진열할 수 있을 정도의 전시대 수)	대	10	1	세미나테이블
21	냉동냉장고	4door, 1900×1260×800cm(폭)	대	4	1	선수경기용
22	포크, 나이프, 스푼, 컵	시식용	세트	지방대회:5세트이상, 전국대회: 20세트이상		심사위원 수 고려
23	유니랩		롤	1		공용
24	쿠킹호일		롤	1		공용
25	플라스틱	빗자루	개		3	공용
26	플라스틱 쓰레받기		개		3	공용

※ 지방대회에서는 참가 인원수에 따라 변경될 수 있음

(2) 경기장 식재료실 목록

순번	공구명	직종명 규격	요리 단위	요리 수량	비고(용도)
1	칼(chef's knife)쉡스나이프	조리용	개	3	
2	칼(turning knife)터닝나이프	조리용	개	1	10cm/소형
3	칼(boning knife)본닝나이프	조리용	개	1	
4	조리용 롱 스푼	조리용	개	5	
5	테이블스푼		개	5	
6	티스푼		개	5	
7	국자	중(中)	개	1	
8	계량스푼	조리용	세트	1	
9	계량컵	250ml	개	1	
10	키친타올	종이	롤	100	
11	전자저울	10kg	개	1	
12	전자저울	1kg	개	1	
13	도마	50×30cm 3개(흰색, 블루, 레드)	개	3	
14	주방세제	500ml	개	3	
15	청수세미		개	20	
16	비닐봉투	100L	장	600	
17	비닐봉투	500L	장	20	
18	음식물비닐봉투	100L	장	100	
19	음식물쓰레기통(대형)	300L	개	3	
20	고무장갑(大)		켤레	10	
21	가위(大)		개	1	
22	종이컵(大)	200ml	box	1	
23	종이컵 소(小)	50ml	box	1	
24	씽크대	2조 씽크	대	1	
25	냉동냉장고	4door, 1900×1260×800cm(폭)	대	3	
26	엘카		대	1	
27	철제선반(rack)	1800×600×2100	대	2	shelf

7) 선수 지참 공구 목록

순번	공구명	규격	단위	수량	비고(용도)
1	위생복(상, 하, 앞치마) 및 위생모	조리용	세트	1	붙임 지침 참조
2	칼(chef's knife)쉡스나이프	조리용	개	1	
3	칼(turning knife)터닝나이프	조리용	개	1	10cm/소형
4	칼(boning knife)본닝나이프	조리용	개	1	
5	조리용 롱 스푼	조리용	개	1	
6	스푼	테이블과 티스푼	개	각 5	
7	국자		개	1	
8	대나무 젓가락		개	1	
9	계량스푼 조리용		세트	1	
10	계량컵	250ml	개	1	
11	제과용	붓	개	1	
12	거품기	휘핑용	개	1	
13	고운 체(sieve)	중형	개	1	스텐
14	고무주걱	30cm 정도	개	1	
15	고운채(china cap)	소형	개	1	스텐
16	후라이팬(코팅)	중, 소	개	각2	
17	나무주걱	대, 중, 소	개	각1	
18	짜주머니		개	1	
19	장식튜브		세트	1	
20	키친타올		개	1	
21	거름용 소창	30×30cm	장	2	
22	뒤집개	중	개	1	
23	스테인리스 볼	직경 20×24cm 정도	개	2	
24	소스펜 w/ 1handle	직경 17cm 정도	개	3	
25	실리콘패드	중	개	1	
26	진공포장용 지퍼백	중	개	3	
27	밀대	소, 나무로 만든 것	개	1	
28	믹서기(blender)	소형	개	1	

29	저울	500g	개	1	
30	도마	50×30cm 2개 (흰색, 블루)	개	2	
31	냄비 직경	20cm	개	2	

※ 위의 지참공구 외에 조리에 필요한 기구를 지참할 수 있다.(단, 전시 및 장식용 조리도구 제외)

[조리복 지침]

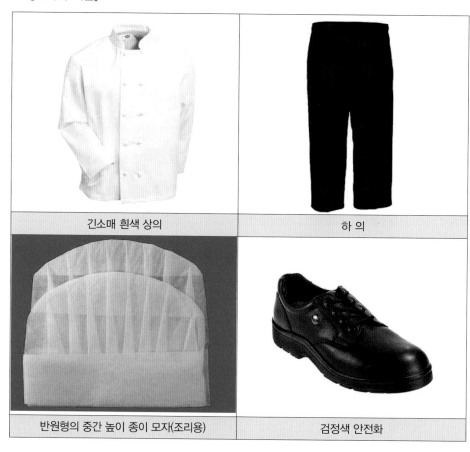

긴소매 흰색 상의	하 의
반원형의 중간 높이 종이 모자(조리용)	검정색 안전화

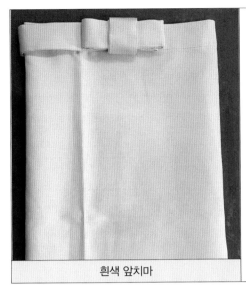

조리복 통일을 위한 지침: 긴소매 흰색상의, 상의재질과 동일한 흰색 단추, 흰색 앞치마, 반원형의 중간 높이종이 모자(조리용), 검정색 안전화, 넥타이는 미착용 한다. 위생복(긴팔) 및 위생모에 어떤 표시도 없어야 한다.

1. 여자선수의 경우 검은색 실핀을 2개 준비하여 양쪽 귀 앞 쪽에 똑같이 꼽는다.
2. 안전화는 그림과 같은 것으로 한다.(슬리퍼스타일금지–안전사고위험)
3. 앞치마 끈은 중앙에 리본스타일로 묶는다.

흰색 앞치마

8) 경기 진행 절차

(1) 경기 전

① 지급재료에 이상 유무를 확인한다.

② 선수가 지급재료에 대하여 확인할 수 있도록 하고 빠진 재료를 보충하도록 한다.

③ 콤비오븐이나 냉장고 등 조리기기가 제대로 작동되는지 확인한다.

④ 공동으로 사용되는 조리 기구에 대하여는 반드시 선수에게 숙지시킨다.

⑤ 작품의 제출방법이나 사용해야 할 용기에 대하어 충분한 설명으로 선수기 이해할 수 있도록 한다.

⑥ 부정행위에 대한 행위나 벌칙에 대하여 선수들에게 숙지시킨다.

⑦ 추가 지급될 재료가 준비되어 있는지 확인하고 추가 지급할 수 있는 재료와 그렇지 않은 재료에 대하여 설명하여 선수가 완전히 이해하고 경기에 임할수 있도록 한다.

⑧ 지급된 재료 이외에는 사용할 수 없음을 선수에게 숙지시킨다.

⑨ 지방기능대회에서 사용되는 공동 조리 기구에 대하여는 선수에게 숙지시킨다.

(2) 경기 중

① 화기 과열이나 조리 기구를 사용할 때 가스 누출이 없는지 점검한다.

② 설탕이나 소금, 후추 등 기초재료는 추가 지급 요구 시 추가 지급하도록 한다.

③ 경기 진행 중 기권자나 조기에 작품을 완료한 선수는 작품 제출 후 퇴장시 키도록 한다.

④ 경기 진행 중 태도나 행위가 대단히 불건전하다고 판단되는 선수는 경기를 중단시켜 다른 선수에게 피해가 가지 않도록 조치한다.

⑤ 경기 진행 중 선수들 간에 대화 의사소통을 방지하고 의문사항이 있을 때 에는 수신호를 사용하도록 한다.

⑥ 심사위원은 시행 중 일정기간 동안 반복적으로 전 선수들의 조리과정을 정확하게 기록 체크하도록 한다.

⑦ 심사위원은 심사 시행 중 독립 채점을 함으로 서로 의견 교환이 불가능하다.

⑧ 선수는 경기종료 시간 내에 3작품 모두를 제출하여야 하며 선수는 작품용 테이블에 3작품 모두 제출하였는지 심사위원의 전체 확인 후 선수전원이 자기작품 한 점은 관람용 테이블로 이동 전시한다. 만약 작품 중 한 점이 라도 시간을 초과하여 제출할 경우별도 분리하여 관리하며 해당과제는 0점 처리 한다.

(3) 경기 후

① 지급된 재료를 효율적으로 사용하였는지 점검하고, 필요 이상으로 재료가 많이 남아 있는 경우에는 감점 처리한다. (심사위원 전원)

② 가스 및 전기 등의 열원이 완전히 차단되었는지 확인한다.

③ 작품이 제출된 선수는 정리정돈 후 자기자리에서 대기한다.

④ 정리 정돈이 잘 되었는지 확인한다.

⑤ 완성된 후의 채점은 가능한 작품 제출시간 종료 직후에 실시하도록 한다.

⑦ 공개채점으로 인하여 비 번호는 사용하지 않는다.

9) 채점에 관한 사항

(1) 채점방법

- 모든 채점은 공개된 장소에서 투명하게 진행한다.
- 채점은 독립 채점 및 합의채점의 기준을 원칙으로 한다.
- 경기에 참석한 심사위원들은 채점기준의 각 부문을 채점할 그룹으로 나눈다.
- 기타 채점과 관련된 사항은 기능경기대회 관리규칙에서 정한 바에 의한다.

(2) 주요 채점항목별 배점기준(채점방법표 참조)

순번	항목		채점방법		배점비율	비고
			주관적 채점	객관적 채점		
1	위생	개인위생		6	10	
		작업 공간 청결, 정돈 상태		4		
2	준비과정	규정재료 사용 여부		5	30	
		요리제공온도		5		
		숙련도 및 기능	8			
		요리의 질	6			
		구성능력(일의순서)	6			
3	그릇 담기 및 구성	그릇 담는 원칙, 청결함		7	20	
		시각적 효과, 색채, 균형, 스타일, 창의력	13			
4	맛	음식의 조화 및 궁합, 질감, 풍미	40		40	
	계		73	27	100	

※ 세부채점 항목은 과제에 제시된 요구사항 및 유의사항 등을 감안하여 심사위원회에서 적용한다.

(3) 배점등급

① 주관적 채점

– 심사위원은 채점항목별 배점을 4등급제를 적용하여 채점하고 배점비율에 따라 득점을 환산하여 합산한다.

순번	등급	배점	비고
1	만점(Perfect)	4	
2	충분하다(Sufficient)	3	
3	보통 정도다(Average)	2	
4	잘못됐다(Unsatisfactory)	1	

※ 미제출시 해당 채점 항목을 0점 처리

※ 지방기능대회는 본 직종설명서의 내용 중 일부를 축소 조정한 것으로 한다.

② 객관적 채점

– 채점항목별 출제위원이 정한 채점기준표의 배점 기준에 따라 채점하며 심사 후 반드시 다른 심사위원과 합의하여 채점점수가 동일하여야 한다.

10) 안전관리

- 심사위원은 심사분야의 현장지식과 전문성을 고루 갖춘 조리인으로 위촉한다.
- 모든 선수들은 정해진 유니폼을 착용해야 한다.
- 선수들은 반지 및 귀금속 또는 시계를 착용할 수 없다.
- 선수들은 자신의 작업장을 방해물로부터 청결하게 유지해야 하며 재료나 장비, 선수가 실족, 미끄러짐 또는 넘어질 수 있는 어떠한 물건도 바닥 공간으로부터 방해받지 않아야 한다.
- 안전지시나 교육을 따르지 않은 선수는 엄중 문책한다.
- 심사장은 추가 위험요소나 따라야 할 안전수칙을 확인한다.
- 모든 기계류, 장비 사용은 안전규칙을 따라야 한다.

11) 공통사항

- 직종설명서의 내용은 과제출제 및 경기진행, 심사채점 과정 등에서 일부 변경될 수 있음

- 직종설명의 내용보다는 경기과제, 채점 기준표, 시행자료(시행시 유의사항, 경기장 시설목록, 선수지참재료목록, 선수지참공구목록 등) 등이 우선함.

12) 적용시기

- 시행시기 : 2019년 전국기능경기대회부터

13) 주요 개정사항

주요항목	개정사항	개정사유
과제수	기존 5과제에서 3과제로 축소(2,5과제 삭제)	경기운영 효율화 및 정확한 경기운영을 위한 세부 내용 기재
경기 진행 절차	과제제출 프로세스에 대한 기준 명시	
과제채점	주요 채점항목 및 점수 수정	

14) 요리직종 참고사항

(1) 경기과제 개요

- 과제 1 : 총점의 30%, 핑거푸드(Finger Food) /냉요리
- 과제 3 : 총점의 40%, 육류 (Meat) /더운요리
- 과제 4 : 총점의 30%, 디저트(Dessert) /냉요리 및 더운요리

(2) 채점방법

객관적 평가	주관적 평가
위생 – (배점 10점) 개인위생 – (6점) 손(반지착용…), 손가락으로 맛보기, 나쁜 버릇 올바른 유니폼 착용 및 청결상태 작업공간 정돈 상태 및 청결 상태 – (4점) 바닥, 냉장고, 벤치	
총 10	
준비과정 – (배점 30 점) 규정 재료 사용 여부 – (5점) 요리 제공온도 – (5점)	숙련도 및 기능 – (8점) 요리의 질 (6점) 구성능력(일의 순서) – (6점) (계획성, 효과적 여부, 진행도)
총 10	총 20

그릇 담기 및 구성 – (배점 20 점) 음식 담는 원칙, 구성요소, 올바른 양, 청결함 – (7점)	시각적 효과, 색채, 균형, 스타일, 창의력 – (13점)
총 7	총 13
	맛 – (배점 40) 음식의 조화 및 궁합, 질감, 풍미 – (40점)
	총 40

5. 2019 지방기능경기대회 과제

1) 제 1과제

▶ 과제명 : 3 Types of Finger Food

▶ 시간 : 120분

[요구사항]

가. 창작성을 살려 지급된 식재료 범위 내에서 3가지 Finger Food를 3개씩 만드시오. (3종류 × 3개 = 9개)

3가지 Finger Food를 각 9개씩(3종류×9개=27개) 만드시오

1) Vegetarian : 유제품 및 식물성 재료를 이용하여 lacto-vegetarian finger food를 만드시오.

2) Meat : 오리 가슴살과 어울리는 식재료를 이용하여 만드시오.

3) Seafood : 훈제연어와 아보카도를 이용하여 만드시오.

나. Finger Food의 크기는 높이 3.5cm, 너비 3cm 이내로 하시오.

다. A, B, C 3종류 Finger Food의 모양을 각각 다르게 만들고 조리법이 중복되지 않도록 만드시오.

라. 2가지 이상의 소스를 만들어 소스 포트에 담아 제출하시오.

1) 발사믹에 주어진 재료를 첨가하여 어울리는 소스를 만드시오.

2) 홀스레디쉬에 주어진 재료를 첨가하여 어울리는 소스를 만드시오.

마. 작품은 한 접시 당 A, B, C 각 1개씩 담아 총 3접시를 제출하시오.

[필수사용재료]

1) : 토마토, 애호박, 가지, 파르마산 치즈가루
2) : 오리 가슴살, 오렌지
3) : 훈제 연어, 아보카도

[유의사항]

가. 지급된 재료 이외의 것은 사용하지 않으며, 식재료의 추가지급은 하지 않는다. (단, 소금, 설탕, 후추, 간장, 식초, 식용유는 추가 지급 가능함)

나. 완성된 요리의 온도, 익은 정도 등은 요리의 특성에 맞도록 한다.

다. 모든 작업은 위생적으로 하며 정리정돈을 한다.

라. 사용 할 수 있는 남은 재료는 버리지 않는다.

마. 필수사용재료는 반드시 사용해야 하며, 미 사용시 해당과제는 0점 처리한다.

[지급재료 목록 / 40품목]

일렬번호	재료명	규격	단위	1인당 소비량	비고
1	토마토(tomato)	100g	ea	3	
2	애호박(squash)		g	300	
3	가지(eggplant)		g	200	
4	노란 파프리카(yellow paprika)		ea	1/2	
5	붉은 파프리카 (red paprika)		ea	1/2	
6	파르마산 치즈가루 (parmesan cheese)	ground	g	50	
7	바질(basil)	fresh	g	3	
8	훈제연어(smoked salmon)	block	g	300	
9	아보카도(avocado)	숙성된 것	ea	1	
10	복숭아(peach)	50g 정도, 황도	쪽	2	통조림
11	치커리(chicory)	잎	g	20	

일련번호	재료명	규격	단위	1인당 소비량	비고
12	블랙 올리브(black olives)		g	15	
13	물냉이(watercress)		g	20	
14	오리가슴살 (duck breast)	whole, 껍질 있는 것	g	200	
15	오렌지(orange)		ea	1/2	
16	양송이버섯(bottom mushroom)		g	40	
17	느타리버섯(oyster mushroom)		g	40	
18	생표고버섯(shiitake mushroom)		g	40	
19	케첩(ketchup)		g	50	
20	꿀(honey)		g	20	
21	타바스코(tabasco)소스		g	10	핫소스 대체 가능
22	흑설탕(black sugar)		g	20	
23	홀스레디쉬(horse radish)		g	50	
24	마요네즈(mayonnaise)		g	50	
25	발사믹(balsamic)		ml	250	
26	흰설탕(white sugar)		g	50	
27	생강(ginger)		g	10	
28	식빵(toast bread)		slice	4	
29	레몬(lemon)		ea	1	
30	로즈마리(rosemary)	fresh	g	3	
31	식용유(oil)		ml	100	
32	마늘(garlic)	whole	g	10	
33	소금(salt)		g	25	
34	검은통후추(black pepper corn)	dry	g	5	
35	흰후춧가루(white pepper podwer)		g	5	

일련번호	재료명	규격	단위	1인당 소비량	비고
36	버터(butter)	무염	g	30	
37	올리브 오일(olive oil)	extra virgin	ml	50	
38	처빌(chervil)		g	2	
39	생크림(fresh cream)	동물성	ml	50	
40	딜(dill)	fresh	g	2	

2) 제 2과제

▶ 과제명 : Fish entree

▶ 시간 : 120분

[요구사항]

가. 송어(trout)를 주재료로 한 생선 요리를 만드시오.
 - 손질한 송어 Fillet은 주요리에 사용하고, 뼈는 stock을 만드는데 사용하시오.
 - 송어는 조리 완료 시 부드러운 상태를 유지하시오.

나. 샤프란(saffron)을 이용하여 쿠스쿠스(couscous)를 익히시오.
 - 생선뼈로 만든 stock을 사용하시오.

다. 3가지 이상의 채소(vegetables) 가니쉬를 각각 조리법을 달리하여 만드시오.
 - 채소 중 한 가지 이상은 chip을 만들어 사용하시오.

라. 달걀(egg)을 이용하여 소스를 만들어 요리에 사용하고, 심사용으로 소스 보트(sauce boat)에 담아 별도로 제출하시오.

마. 작품은 3인분(1인분×3접시)을 제출하시오.

[필수사용재료]

송어, 키조개관자, 샤프란, 쿠스쿠스, 달걀

[유의사항]

가. 지급된 재료 이외의 것은 사용하지 않으며, 식재료의 추가지급은 하지 않는다.(단, 소금, 설탕, 후추, 간장, 식초, 식용유는 추가 지급 가능함)

나. 완성된 요리의 온도, 익은 정도 등은 요리의 특성에 맞도록 한다.

다. 모든 작업은 위생적으로 하며 정리정돈을 한다.

라. 사용 할 수 있는 남은 재료는 버리지 않는다.

마. 필수사용재료는 반드시 사용해야 하며, 미 사용시 해당과제는 0점 처리한다.

[지급재료 목록 / 30품목]

일렬번호	재료명	규격	단위	1인당 소비량	비고
1	송어(trout)	1.5kg내외/마리	마리	1	위생처리한 토끼
2	키조개관자(scallop)	냉동	g	100	신선도 유지
3	사프란(saffron)		g	2	
4	쿠스쿠스(couscous)		g	100	닭간 대체가능
5	달걀(egg)		ea	3	
6	우유(milk)		ml	250	
7	생크림(fresh cream)	동물성	ml	250	
8	레몬(lemon)		ea	2	
9	화이트와인(white wine)		ml	100	
10	버터(butter)	무염	g	300	
11	양파(onion)	150g	ea	2	
12	대파(leek)		줄기	2	
13	셀러리(celery)		g	70	
14	토마토(tomato)	100g	ea	3	
15	월계수 잎(bay leaves)	dry	장	3	
16	당근(carrot)	100g	ea	2	옥수수
17	딜(dill)	fresh	g	5	
18	건포도(raisin)		g	40	
19	크레송(Watercress)		g	40	

일렬번호	재료명	규격	단위	1인당 소비량	비고
20	쏘렐(Sorrel)	red	g	10	Dry
21	아스파라거스(asparagus)	green	ea	6	Fresh
22	샬롯(shallot)		g	70	
23	휀넬(fennel)	200g	bulb	1	Fresh
24	컬리플라워(cauliflower)		g	100	Block
25	빨간 파프리카(red paprika)	100g	ea	2	Extra virgin
26	올리브오일(olive oil)	extra virgin	ml	250	
27	소금(salt)		g	15	
28	흰후춧가루(white Pepper podwer)		g	5	Dry
29	검은후춧가루(black pepper powder)		g	5	Powder
30	검은통후추(black pepper corn)	dry	g	10	White

3) 제 3과제

▶ 과제명 : Meat Entree

▶ 시간 : 120분

[요구사항]

가. 양 갈비가 손상되지 않게 지방과 힘줄을 제거하여 사용하시오.

나. duchess potato는 gold brown색으로 만드시오.

다. 창작성을 살려서 지급된 식재료 범위 내에서 감자요리를 제외하고 각각 다른 조리법을 이용하여 3가지의 side dish를 만들어 곁들이시오.

라. 양 갈비 손질 후 부산물은 육수 또는 소스를 만들어서 사용하고 port wine, red wine vinegar를 이용하여 양 갈비와 어울리는 소스를 만들어 곁들이시오.

마. 익힘 정도는 medium으로 하시오.

바. 작품은 3인분(1인분×3접시)을 제출하시오.

[필수사용재료]

양 갈비, 포트와인, 레드와인식초

[유의사항]

가. 지급된 재료 이외의 것은 사용하지 않으며, 식재료의 추가지급은 하지 않
   는다. (단, 소금, 설탕, 후추, 간장, 식초, 식용유는 추가 지급 가능함)

나. 완성된 요리의 온도, 익은 정도 등은 요리의 특성에 맞도록 한다.

다. 모든 작업은 위생적으로 하며 정리정돈을 한다.

라. 사용 할 수 있는 남은 재료는 버리지 않는다.

마. 필수사용재료는 반드시 사용해야 하며, 미 사용시 해당과제는 0점 처리한다.

[지급재료 목록 / 27품목]

일렬번호	재료명	규격	단위	1인당 소비량	비고
1	양갈비(rack of lamb)	whole	Kg	1	
2	마늘(garlic)	whole	g	30	
3	포트와인(port wine)		ml	300	
4	컬리플라워(cauliflower)		g	150	
5	생크림(fresh cream)	동물성	ml	300	
6	감자(potato)	150g	ea	2	
7	당근(carrot)	100g	ea	1	
8	시금치(spinach)		g	50	
9	셀러리(celery)		g	50	
10	대파(leek)		줄기	1	
11	월계수잎(bay leaves)	dry	장	3	
12	검은통후추(black pepper corn)	dry	g	10	
13	로즈마리(rosemary)	fresh	g	2	
14	양파(onion)	150g정도	ea	1	
15	버터(butter)	무염	g	100	
16	소금(salt)		g	20	

일렬번호	재료명	규격	단위	1인당 소비량	비고
17	흰후춧가루(white pepper podwer)		g	5	
18	가지(eggplant)		g	100	
19	식용유(oil)		ml	100	
20	올리브 오일(olive oil)	extra virgin	ml	50	
21	레드와인(red wine)		ml	100	
22	토마토 페이스트(tomato paste)		g	50	
23	레드와인식초(red wine vinegar)		ml	100	
24	밀가루(flour)	중력분	g	30	
25	다임(thyme)	fresh	g	2	
26	넛맥가루(nut meg podwer)		g	10	
27	흰설탕(white sugar)		g	20	

4) 제 4과제

▶ 과제명 : 3 Types of Miniature Desserts

▶ 시간 : 120분

[요구사항]

가. 3종류의 디저트(dessert)를 Miniature로 만드시오.

　　1) 크림치즈 무스 : french meringue를 만들어 사용하고 젤라틴 양을 조절하여 부드럽게 만드시오.

　　2) 과일크레이프 : custard cream을 만들어 사용하시오.

　　3) 카라멜 푸딩 : 고유의 색상을 잘 살리고 부드럽게 만드시오.

나. 지급된 식재료를 활용하여 창작성, 예술성을 발휘하여 각각의 모양을 다르게 만드시오.

다. 3종의 제품을 각각 1개씩 접시에 담아서 1인분을 완성하고, 작품은 3인분 (1인분×3접시)을 제출하시오.

[필수사용재료]

1) 크림치즈, 생크림, 젤라틴
2) 전분, 바닐라 에센스
3) 우유

[유의사항]

가. 지급된 재료 이외의 것은 사용하지 않으며, 식재료의 추가지급은 하지 않는다. (단, 소금, 설탕, 후추, 간장, 식초, 식용유는 추가 지급 가능함)

나. 완성된 요리의 온도, 익은 정도 등은 요리의 특성에 맞도록 한다.

다. 모든 작업은 위생적으로 하며 정리정돈을 한다.

라. 사용 할 수 있는 남은 재료는 버리지 않는다.

마. 필수사용재료는 반드시 사용해야 하며, 미 사용시 해당과제는 0점 처리한다.

[지급재료 목록 / 19품목]

일렬번호	재료명	규격	단위	1인당 소비량	비고
1	크림치즈(cream Cheese)		g	200	
2	생크림(fresh cream)	동물성	ml	700	
3	달걀(egg)		ea	10	
4	흰설탕(white sugar)		g	300	
5	우유(milk)		ml	1000	
6	레몬(lemon)		ea	1	
7	판젤라틴(gelatin)		sheet	5	
8	밀가루(weak flour)	박력분	g	150	
9	전분(corn starch)	옥수수전분	g	50	
10	소금(salt)		g	10	
11	버터(butter)	무염	g	150	
12	바닐라 에센스(vanilla essence)		ml	10	

일렬번호	재료명	규격	단위	1인당 소비량	비고
13	파인애플(pineapple)		g	100	통조림 대체가능
14	키위(kiwi)		ea	1	
15	오렌지(orange)		ea	1	
16	체리(cherry)		g	70	통조림 대체가능
17	아몬드파우더(almond powder)		g	20	
18	다크초콜릿(dark chocolate)	64%	g	100	
19	슈거파우더(sugar powder)		g	20	

5) 제 5과제

▶ 과제명 : Recipe Cooking

▶ 시간 : 140분

[요구사항]

[심사장의 설명을 듣고 20분 이내에 레시피 카드를 작성하여 제출하시오.]

* Recipe Card 작성방법 : 붙임 참조

가. lobster entree

    – 랍스터 꼬리를 이용한 더운요리 앙뜨레를 만드시오.

    – 1가지 전분요리와 2가지 채소요리, 1가지 가니쉬를 곁들이시오.

    – 갑각류를 이용하여 소스를 만드시오.

나. shrimp chowder soup

    – 새우와 채소를 이용하여 수프를 만드시오.

    – 우유와 생크림을 사용하여 부드러운 수프를 만드시오.

    – 빵을 이용한 가니쉬를 곁들이시오.

다. 작품은 3인분(3접시x3 soup bowl)을 제출하시오.

[필수사용재료]

랍스터 테일, 새우, 쌀, 휀넬, 토마토, 우유, 생크림, 감자, 식빵

[유의사항]

가. 지급된 재료 이외의 것은 사용하지 않으며, 식재료의 추가지급은 하지 않
   는다. (단, 소금, 설탕, 후추, 간장, 식초, 식용유는 추가 지급 가능함)

나. 완성된 요리의 온도, 익은 정도 등은 요리의 특성에 맞도록 한다.

다. 모든 작업은 위생적으로 하며 정리정돈을 한다.

라. 사용 할 수 있는 남은 재료는 버리지 않는다.

마. 필수사용재료는 반드시 사용해야 하며, 미 사용시 해당과제는 0점 처리
   한다.

[지급재료 목록 / 33품목]

일렬번호	재료명	규격	단위	1인당 소비량	비고
1	랍스터 꼬리(lobster tail)	100~150g, 냉동	마리	3	
2	새우(shrimp)	15미/500g 껍질, 머리 포함	마리	9	
3	쌀(rice)		g	100	
4	토마토(tomato)	100g	ea	3	
5	휀넬(fennel)		g	50	
6	우유(milk)		ml	700	
7	생크림(fresh cream)	동물성	ml	500	
8	감자(potato)	150g	ea	2	
9	양파(onion)	150g	ea	2	
10	셀러리(celery)		g	50	
11	대파(leek)		줄기	3	
12	마늘(garlic)		g	50	
13	토마토 페이스트 (tomato paste)		g	70	통조림 대체가능

일렬번호	재료명	규격	단위	1인당 소비량	비고
14	밀가루(flour)	중력분	g	100	
15	샬롯(shallot)		g	50	
16	그린빈스(green beans)	냉동	g	50	통조림 대체가능
17	버터(butter)	무염	g	200	
18	아스파라거스(asparagus)	fresh, green	ea	3	
19	양송이버섯(bottom mushroom)	fresh	g	100	
20	식빵(toast bread)		slice	3	
21	화이트 와인(white wine)		ml	100	
22	브랜디(brandy)		ml	50	
23	파르마산 치즈(parmesan cheese)	block	g	20	
24	딜(dill)	fresh	g	2	
25	처빌(chervil)	fresh	g	2	
26	고수(coriander)	fresh	g	10	
27	다임(thyme)	fresh	g	2	
28	월계수잎(bay leaves)	dry	장	3	
29	올리브오일(olive oil)	extra virgin	ml	200	
30	소금(salt)		g	15	
31	흰후춧가루(white pepper powder)		g	5	
32	검은후춧가루(black pepper powder)		g	5	
33	검은통후추(black pepper corn)	dry	g	10	

[Recipe Card 작성방법]

〈레시피 카드〉 작성 방법 :

① 제5과제 경기당일 레시피 카드를 작성하여 제출한다.

② 〈제5과제〉 경기시간 중 20분은 〈레시피 카드〉 작성, 20분을 제외한 나머지 시간은 〈조리 작업〉으로 배정한다.

③ 재료의 소요량과 단위를 작성하고, 〈만드는 방법〉란에는 조리방법을 간략히 기재한다.

④ 〈만드는 방법〉과 실제 조리작업이 일치하여야 하며, 일치해야 한다는 조건 외에 특별한 점수 가감은 적용되지 않는다(즉, 전문조리용어를 많이 사용하거나 설명을 상세히 한 경우 채점시 점수가 추가로 부여되지 않으며, 그 반대로 전문조리용어를 사용하지 않고 간략히 작성한 경우도 감점되지 않는다).

⑤ 요리의 명과 식재료는 영문으로 기재 하여야 하며, 만드는 방법에 대한 언어(한글, 영어 모두 가능)의 규제나 점수 가감은 없다. (단, 레시피 카드의 양식은 선수 임의대로 변형할 수 없다.)

⑥ 지급한 재료 중 필수사용재료는 반드시 사용하여야 하고, 사용하지 않을 경우 〈제5과제〉는 0점 처리한다.

⑦ 재료 소요량은 지급 한도 내로 정해야 한다.

⑧ 흑색 필기구만을 사용해야 하며, 수정 시 두 줄을 긋고 수정한다(수정액, 수정테이프, 연필류 사용 금지).

⑨ 레시피 카드가 추가로 필요할 경우 요청하여 지급 받는다.

⑩ 기타 사항은 요구사항과 유의사항, 심사장의 지시 및 설명에 의한다.

〈레시피 카드〉 작성 부정행위 기준 :

① 미리 준비해온 〈레시피 카드〉를 제출하는 경우

② 레시피와 관련이 있는 서적이나 메모지 적발 시

③ 다른 선수와 동일한 레시피 카드를 제출하는 경우

〈레시피 카드〉 작성 감점 기준 :

① 필수재료를 사용하지 않은 경우 〈제5과제〉 0점 처리

② 제출한 레시피와 실제 작품이 상이한 경우 〈제5과제〉 0점 처리

③ 요리명(요리의 명, 식재료 영문 기재 포함)이 정확하지 않은 경우 감점(−5점)

④ 수정시 두 줄을 그어 사용한다(수정한 개소가 많아도 감점되지 않음)

⑤ 레시피 카드 작성시 20분을 초과(21분 이상)하여 30분내(30분 포함)로 제출한 경우는 감점 (−5점), 30분을 초과하여 제출한 경우 〈제5과제〉 0점 처리

[Recipe Card]

선수 번호		요리명						
번호	주재료명	소요량	단위	번호	부재료명	소요량	단위
1				1			
2				2			
3				3			
4				4			
5				5			
6				6			
7				7			
8				8			
9				9			
10				10			
11				11			
12				12			
13				13			
14				14			
15				15			
만드는 방법(Method)							

6. 2019 전국기능경기대회 과제

1) 제1과제

▶ 과제명 : 3 Types of Finger Food

▶ 시간 : 120분

[요구사항]

가. 지급된 재료를 다양하게 이용하여 Finger Food를 만드시오.

3가지 Finger Food를 각 9개씩(3종류×9개=27개) 만드시오

1) 송어를 이용한 핑거푸드 9개를 만드시오

– 송어살을 이용한 무스를 만들어 사용하시오

2) 블로방(vol au vent)만들어 Ovo-Lacto-Vegetarian Finger Food 9개를 만드시오.

3) 영계를 이용한 Finger Food 9개를 만드시오.

나. 한가지의 소스를 만들어 사용하고 제시하시오.

다. Finger Food는 한 입 크기 3cm×3cm×3cm크기로 만드시오.

라. 3종류 Finger Food 모양과 조리법을 다르게 만들어 제출하시오.

마. 작품을 한 접시에 각 3개씩 담아 한 접시(9개) 총 3접시(27개)를 제출하시오.

[필수사용재료]

송어, 새송이 버섯, 밀가루, 버터, 레몬, 양송이, 영계

[유의사항]

가. 요구사항에 유의하여 작품을 만드시오.

나. 블로방을 만드는 방법에 유의한다.

다. 3종류의 각기 다른 Finger Food를 만드는데 유의하시오.

라. 재료 특성에 맞는 조리법과 조화와 창의성 및 익힘 정도에 유의한다.

[규정사항]

가. 지급된 재료 이외의 것은 사용하지 않으며 식재료의 추가지원은 하지 않는다.

나. 완성된 요리의 익은 정도 등은 그 요리의 특성에 맞도록 한다.

다. 모든 작업은 위생적으로 하며 정리정돈, 청결을 유지 한다.

라. 사용 할 수 있는 남은 재료는 버리지 않는다.

마. 필수사용 재료는 반드시 사용해야 하며, 미사용 시 해당과제는 0점 처리한다.

[주요 채점사항]

가. 송어
  – 송어를 손질을 정확히 하는지 확인한다.
  – 송어의 껍질을 이용하여 장식물을 만드는지를 확인한다.
  – 송어와 어울리는 식재료를 조화롭게 사용하는지 확인한다.

나. 블로방을 이용한 핑거푸드
  – 어울리는 한가지의 소스를 만드는지를 확인한다.
  – 블로방을 만드는 방법과 과정이 정확한지를 확인한다.
  – 재료 맛과 색상 향을 잘살려 조리 되었는지 확인한다.

다. 영계
  – 영계를 잡는 방법과 순서를 확인한다.
  – 주재료, 부재료에 어울리는 재료를 사용하였는지 확인한다.

라. 공통
  1) 지급된 재료 이외의 것은 사용하지 않으며 식재료의 추가지급은 하지 않는다.
  2) 완성된 요리의 온도, 익힘 정도 등은 그 요리의 특성에 맞도록 한다.
  3) 모든 작업은 위생적으로 하며 정리 정돈을 한다.
  4) 사용 할 수 있는 남은 재료는 버리지 않는다.
  5) 필수사용 재료는 반드시 사용해야 하며, 미사용 시 해당 과제는 0점 처리한다.

[지급재료 목록 / 30품목]

일렬번호	재료명	규격	단위	1인당 소비량	비고
1	송어(trout)	2kg	마리	1	
2	새송이버섯(King oyster Mushroom)		g	200	
3	밀가루(flour)	중력	g	400	
4	버터(butter)	무염	g	450	
5	영계(Young chicken)	400g	마리	1	
6	우유(milk)		g	300	
7	새우(shrimp)		마리	9	
8	레몬(lemon)		개	1	
9	관자(scallop)		개	9	
10	토마토(tomato)		개	2	
11	토마토페이스트(tomato paste)		g	30	
12	대파(green onion)		대	1	
13	양파(onion)		개	1	
14	붉은피망(red pimento)		개	1	
15	노란파프리카(yellow paprika)		개	1	
16	쥬키니호박(zucchine)		개	1	
17	마늘(garlic)		개	5	
18	당근(carrot)		개	1	
19	검정통후추(black pepper)		g	10	
20	딜(dill)		g	5	
21	로즈마리(rosemary)		g	5	
22	양송이(mushroom)		g	30	
23	생크림(whipping cream)		ml	100	
24	화이트와인(white wine)		ml	150	
25	브랜디(brandy)		ml	30	
26	월계수잎(bay leaf)		장	2	
27	정향(clove)		g	2	

일련번호	재료명	규격	단위	1인당 소비량	비고
28	올리브유(olive oil)		ml	75	
29	소금(salt)		g	30	
30	설탕(sugar)		g	10	

2) 제 2과제

▶ 과제명 : Main Dish

▶ 시간 : 120분

[요구사항]

가. 토끼 등심을 넓게 펴 속에 돼지등심과 토끼간을 이용하여 무스를 만들어
베이컨을 이용하여 Roulade 하시오.

나. 패스트리를 만들어 감싸 오븐에 구워 내고 속을 채운 재료가 빠져나오지
않도록 하시오.

다. 가지를 반으로 잘라 오븐에 구운 후 으깨어 Eggplant Flan을 만들어 제
출하시오.

라. 토끼뼈를 이용하여 Sauce를 만들어 곁들여 내시오.

마. 창작성을 살려 3가지의 Side Vegetable을 곁들여 내시오.

바. 작품은 3인분(1인분×3접시)을 제출하시오.

[필수사용재료]

토끼(Rabbit), 돼지등심(Pork loin), 베이컨(bacon), 퍼 패스츄리(Puff
Pastry), 토끼간(Rabbit Liver)

[유의사항]

가. 퍼 패스트리로 감싸 구운 고기의 익히는 정도에 유의한다.

나. 주 요리와 곁들임 야채(Side Vegetable)의 양에 유의한다.

다. Roulade 시에 무스가 가운데에 오도록 유의한다.

라. Sauce의 농도에 유의한다.

마. 필수 재료를 반드시 사용한다.

[규정사항]

가. 지급된 재료 이외의 것은 사용하지 않으며, 식재료의 추가지급은 하지 않는다.

나. 완성된 요리의 온도, 익은 정도 등은 그 요리의 특성에 맞도록 한다.

다. 모든 작업은 위생적으로 하며 정리정돈을 한다.

라. 사용할 수 있는 남은 재료는 버리지 않는다.

[지급재료 목록 / 30품목]

일렬번호	재료명	규격	단위	1인당 소비량	비고
1	토끼(Rabbit)	1.5kg	마리	1	위생처리한 토끼
2	돼지등심(Pork loin)		g	200	신선도 유지
3	베이컨(bacon)		kg	1	
4	토끼간(Rabbit Liver)		g	60	닭간 대체가능
5	당근(Carrot)	150g	개	2	
6	감자(Potato)	150g	개	3	
7	생크림(Fresh Cream)		ml	200	
8	브랜디(Brandy)		ml	20	
9	샬롯(Shallot)	30g	개	4	
10	적 포도주(Red wine)		ml	200	
11	아스파라거스(Asparagus)		개	3	
12	가지(Eggplant)		개	2	
13	양파(Onion)	150g	개	2	
14	우유(Milk)		ml	250	
15	달걀(Egg)	중	개	10	
16	전분(Corn starch)		g	20	옥수수
17	버터(Butter)		g	400	
18	브로컬리(Broccoli)		g	150	
19	느타리버섯(Oyster Mushroom)		g	120	
20	월계수 잎(Bay Leaf)		개	3	Dry

일련번호	재료명	규격	단위	1인당 소비량	비고
21	다임(Thyme)		g	5	Fresh
22	마늘(Garlic)	20g	개	6	
23	세이지(Sage)		g	5	Fresh
24	팔마산 치즈(Parmesan Cheese)		g	100	Block
25	올리브 기름(Olive oil)		ml	100	Extra virgin
26	밀가루(Flour)	강력분	g	300	
27	설탕(Sugar)		g	20	
28	검정 통후추(Black Peppercorn Whole)		개	5	Dry
29	검은 후추가루(Black Pepper ground)		g	5	Powder
30	소금(Salt)		g	10	White

3) 제 3과제

▶ 과제명 : Plate Dessert

▶ 시간 : 120분

[요구사항]

가. 지급된 재료를 사용하여 Plate Dessert를 만드시오.

　　1) 만다린 무스

　　　　– 만다린 퓨레를 사용하여 무스을 만드시오.

　　2) 레몬 케이크

　　　　– 레몬퓨레를 사용한 케이크를 만드시오

　　3) 망고소스

　　　　– 망고퓨레를 이용해 만드시오.

　　　　– 부드러운 텍스쳐로 소스를 만드시오.

　　4) 마카롱을 만들어 사용하시오.

나. Dessert 모양은 자유로운 형태로 만들어 제출하시오.

다. 창작성을 발휘하여 Dessert에 어울리는 가니쉬를 곁들이고, 작품 3인분 (1인분×3접시)을 제출하시오.

[필수사용재료]

만다린퓨레(Mandarin Puree), 망고퓨레(Mango Puree), 달걀(Egg), 레몬퓨레 (Lemon Puree), 중력분(Medium Flour), 우유(Mlik), 무염버터(Unsalted Butter)

[유의사항]

가. Dessert 크기, 색상, 맛에 유의하시오.

나. Dessert에 조화로운 장식물의 모양과 크기에 유의 하시오.

[규정사항]

가. 지급된 재료 이외의 것은 사용하지 않으며 식재료의 추가지급은 하지 않 는다.

나. 모든 작업은 위생적으로 처리하며 정리 정돈을 한다.

다. 사용 할 수 있는 남은 재료는 버리지 않는다.

라. 필수 사용재료는 반드시 사용해야 하며, 미사용 시 해당 과제는 0점 처리 한다.

[주요 채점사항]

가. 만다린 무스
    – 만다린 퓨레를 사용하여 무스을 만들었는지 확인한다.

나. 레몬 케이크
    – 레몬케이크가 부드러운지 확인한다.
    – 케이크의 맛이 레몬향이 풍부한지 확인한다.

다. 망고소스
    – 망고퓨레를 이용하여 소스를 만들었는지 확인한다.

라. Dessert 모양은 자유로운 형태로 만들어 제출한다.

마. 장식물을 만드는 과정에서 창작성, 크기, 모양을 다르게 하여 Dessert에 사용하였는지 확인한다.

[지급재료 목록 / 21품목]

일렬번호	재료명	규격	단위	1인당 소비량	비고
1	브아롱 만다린퓨레 (Mandarin Puree)	1kg	ml	200	브아롱
2	브아롱 망고퓨레(Mango Puree)	1kg	ml	100	브아롱
3	브아롱 패션퓨레(Passion Fruit Puree)	1kg	ml	50	브아롱
4	브아롱 레몬퓨레(Lemon Puree)	1kg	ml	50	브아롱
5	가루젤라틴(Gelatine powder)		g	100	
6	생크림(Fresh Cream)		ml	150	
7	우유(Milk)		ml	500	신선도유지
8	달걀(Egg)		ea	6	신선도유지
9	설탕(Sugar)		g	150	
10	소금(Salt)		g	3	
11	중력분(Medium Flour)		g	300	
12	슈가파우더(Sugar powder)		g	100	
13	옥수수전분(Corn starch)		g	15	
14	베이킹파우더(Baking powder)		g	5	
15	필라델피아 크림치즈 (Philadelphia cream cheese)		g	50	필라델피아
16	칼리바우트 W2 화이트초콜릿(White chocolate)	2.5kg	g	300	칼리바우트
17	무염버터(Unsalted butter)		g	450	무염
18	데코젤 미로와(Decorgel Miroir Neutral)	5kg	g	200	Dawn(돈)
19	애플민트(apple mint)		g	5	
20	귤(tangerine)		EA	2	신선도유지
21	물엿(starch syrup)		ml	100	Fresh

4) 채점 시 유의사항

[직종명 : 요리(제1~3과제 공통)]

가. 경기장 안에서는 심사위원(본부요원, 관리위원 포함)이 선수들을 관리 감독한다.

나. 채점기준표는 각 과제(100점 만점) 공통으로 사용한다.

다. 최종점수는 각 과제별 득점(100점)을 배점비율로 환산하여 합산한 총점을 기준으로 순위를 정하고, 동점일 경우 기능경기대회 관리규칙에 의하여 정한다.

과제	제1과제	제2과제	제3과제
배점	총점의 30%	총점의 40%	총점의 30%

예) (제1과제 득점×30%)+(제2과제 득점×40%)+(제3과제 득점×30%)
= 100점

라. 독립채점 항목의 채점은 4등급제로 하고, 합의채점 항목은 정도에 따라 1점씩 단계별로 채점한다. (단, 심사장, 심사위원 전원합의에 의하여 채점방법은 변경 할 수 있다.)『기능경기대회 관리규칙 제9절 심사채점 제87조 채점요령』

마. 필수사용재료를 사용하지 않은 경우 해당과제 0점 처리한다.

바. 실격, 미완성, 오작이 없으므로 선수 전원의 작품을 제한시간 내에 반드시 제출하도록 하여야 하며, 제출시점의 작품으로 채점한다.

사. 경기의 연장시간은 없으며 경기 종료시간까지 지정된 장소에 1인분×3접시를 모두 제출한 작품에 한하여 채점이 이루어지며, 미제출시 해당과제 "경기종료 후 채점 항목" 점수는 0점 처리 한다.

아. 전시용 작품은 3접시 중 추첨 등에 의하여 1접시를 선정한 후 전시하며, 채점대상에서 제외한다.

자. 작업에 있어서 항목별 0점의 점수는 가능하나 실격, 미완성, 오작은 없다.

차. 과제에 별도의 점수 배점이 있을 경우, 과제의 배점을 우선으로 적용한다.

카. 선수가 과제에 대한 질문을 할 경우, 심사위원이 협의하여 모든 선수들에게 공통적으로 동시에 답변 내용을 알린다.

타. 기타 필요하다고 요구되는 사항은 심사장 · 심사위원 합의 하에 시행할 수
있다.

5) 채점기준 : 1

(1) 주요항목별 배점(경기진행 중 채점)

일련 번호	주요항목	직종명 배점	요리(제1~3과제 공통) 채점방법 단위	수량	비고
1	위생	10			
2	준비과정 1	10			
3	준비과정 2	20			
	합계	40점			

(2) 채점방법 및 기준(경기진행 중 채점)

일련번호	주요항목	일련번호	세부항목(채점방법)	배점
1	위생	1	**개인위생** (복장, 장식물 착용 상태 : 손 위생상태(시계 · 반지착용), 손으로 맛보기, 나쁜 버릇, 올바른 위생복 착용, 청결상태 등) (0 ~ 6점, 1점씩 단계별 채점)	6
		2	**작업 공간 청결, 정돈 상태** (작업 공간 청결 및 정돈 상태 : 식재료, 바닥, 싱크대, 칼, 도마, 행주) (0 ~ 4점, 1점씩 단계별 채점)	4
2	준비과정 1	1	**규정 재료 사용 여부** (0 ~ 5점, 1점씩 단계별 채점)	5
		2	**요리 제공 온도** (0 ~ 5점, 1점씩 단계별 채점)	5
3	준비과정 2	1	**숙련도 및 기능** (4등급제)	8
		2	**요리의 질** (4등급제)	6
		3	**구성 능력(일의 순서)** (4등급제)	6
계				(40)

6) 채점기준 : 2

(1) 주요항목별 배점(경기종료 후 채점)

일련번호	주요항목	직종명 배점	요리(제1~3과제 공통) 채점방법 독립	합의	비고
1	그릇 담기 및 구성 1	7		○	
2	그릇 담기 및 구성 2	13	○		
3	준맛	40	○		

합계		60점			

(2) 채점방법 및 기준(경기종료 후 채점)

일련번호	주요항목	일련번호	세부항목(채점방법)	배점
1	그릇 담기 및 구성 1	1	음식 담는 원칙, 구성요소, 올바른 양, 청결함 (0 ~ 7점, 1점씩 단계별 채점)	7
2	그릇 담기 및 구성 2	1	시각적 효과, 색채 · 균형, 스타일, 창의력 (4등급제)	13
3	맛	3	음식의 조화 및 궁합, 질감, 풍미 (4등급제)	40
계				(60)

7) 채점기준표

구분		합의	독립	계
경기 진행 중 채점	위생	1) 개인위생 (0~6점) (복장, 장식물 착용 상태 : 손(시계 · 반지착용), 손가락으로 맛보기, 나쁜 버릇, 올바른 위생복 착용, 청결상태 등)		10점
		2) 작업공간 정돈 상태 및 청결상태 (0~4점) (작업공간 정돈 상태 및 청결 상태 : 바닥, 냉장고, 벤치 등)		
		10점		

	준비 과정 1	3) 규정 재료 사용 여부 (0~5점)		30점
		4) 요리 제공 온도 (0~5점)		
		10점		
	준비 과정 2		5) 숙련도 및 기능 (8점)	
			6) 요리의 질 (6점)	
			7) 구성 능력(일의 순서) (6점) (계획성, 효과성, 진행도)	
			20점	
	소계	20점	20점	40점
경기 종료 후 채점	그릇담 기 및 구성 1	1) 음식 담는 원칙, 구성요소, 올바른 양, 청결함 (0~7점)		20점
		7점		
	그릇담 기 및 구성 2		2) 시각적 효과, 색채, 균형, 스타일 및 창의력 (13점)	
			13점	
	맛		3) 음식의 조화 및 궁합, 질감, 풍미 (40점)	40점
			40점	
	소계	7점	53점	60점
총계		27점	73점	100점

8) 시행 시 유의사항

[과제설명]

가. 사전공개문제와 경기 당일 공개되는 문제지에 준하여 요리합니다.

나. 경기자지참공구목록 외의 조리도구는 개별적으로 지참할 수 있습니다.

(단, 전시 및 장식 목적의 조리도구는 지참할 수 없습니다.)

[과제개요]

과제	배점(채점기준은 직종 설명서 참고)	경기시간	구성
제1과제	총점의 30%	2시간	3types of Vol au vent
제2과제	총점의 40%	2시간	main plate
제3과제	총점의 30%	2시간	dessert

① 시행전

가. 조리기기 등의 이상 유무를 점검하고 경기자가 직접 지급재료를 확인토록 하여 부족한 재료는 추가 지급합니다.

나. 지급재료 이외의 재료를 사용할 경우는 채점대상에서 제외됩니다.

다. 요구사항 및 경기자 유의사항 등을 공지하고, 경기자의 휴대폰은 전원을 끄게 하여 경기자가 집중하여 경기를 치를 수 있도록 경기장 질서를 유지 하여야 합니다.

라. 경기자 복장(위생복 이외 모든 형태)에 특별한 표식이 있다고 심사(장)위 원이 판단하는 경우에는 심사(장)위원은 이의 보완(교체, 제거 등)을 요구 할 수 있으며, 경기자는 이 지시에 따라 보완(교체, 제거 등)후 이상이 없 음을 확인 받아야 경기에 참여할 수 있습니다.

마. 경기자와 심사위원은 사전공개문제와 경기 당일 공개되는 문제지에 준하 여 요리 · 심사하여야 합니다.

바. 경기의 연장시간은 없으며 경기 종료시간까지 지정된 장소에 1인분×3접 시를 모두 제출한 작품에 한하여 채점이 이루어지며, 미제출시 해당과제 "경기종료 후 채점 항목" 점수는 0점 처리합니다.

사. 전시용 작품은 3접시 중 추첨 등에 의하여 1접시를 선정한 후 전시하며, 채점대상에서 제외합니다.

② 시행중

가. 설탕, 소금, 후추 등의 기초 재료는 추가 지급을 요구할 경우 지급하도록 합니다.

나. 기권자나 조기에 작품제출을 완료한 경기자는 퇴장시키도록 합니다.

다. 경기자들 간의 불필요한 대화를 방지하고 의문사항이 있을 경우 손을 들어 심사장에게 질문하도록 합니다.

라. 심사장은 경기 진행과정에서 문제지에 요구한 사항 이외의 문제점이 발생되면, 심사위원 상호 협의 하에 가결 집행하고 그 사유를 시행부서에 통보하여야 합니다.

③ 시행후

가. 지급재료를 효율적으로 사용하였는지 점검합니다.

나. 정리정돈이 잘 되었는지 확인합니다.

다. 시행 후 채점은 작품제출시간 종료 직후에 실시합니다.

7. 채소 요리(Vegetable Dish)

주로 시험에 나오는 채소류들은 한정되어있으며 채소를 처리하는 방법에 대하여 지침이 명확하게 내려진다. 주요한 지침은 다음과 같다.

곁들이는 야채 3종(아스파라거스, 감자, 애호박)은 각기 다른 조리법을 이용하시오.

주어지는 아스파라거스, 감자, 애호박을 3가지 방법으로 조리를 하자면 다음의 요리법을 권유한다.

- 방식 1 : 아스파라거스 → saute Asparagus
- 방식 2 : 감자 → boiling Patatoes
- 방식 3 : 애호박 → grazing Zucchini

감자요리를 제외한 2가지 채소는 물에 데치는 Blancging과 그릴에서 굽는 Grilling을 활용하면 된다.

아래에서 제시되는 13가지 주요한 채소류에 대한 요리법은 제시되는 재료에 대하여 연구한 다음 적용하면 된다.

▲ Grilled Eggplant

▲ Grilled Zucchini

▲ Grilled Paprika

(1) 아스파라거스

① Blanched~ / Asparagus

- Fresh Asparagus 2 Speras
- Chicken stock as needed
- Butter as needed
- Salt as needed
  ① 아스파라거스는 칼로 껍질을 벗겨 끓는 소금물에 블랜칭(Blanching)한 다음 얼음물에 식힌다.
  ② 가열된 팬에 버터를 넣고 ①을 넣어 볶은 다음 소금, 후추로 간을 한다.
  ③ 소량의 닭고기 육수를 넣고 살짝 익힌다.

▲ Saute Asparagus

▲ Glazing Carrot

(2) 호박

① Grilled~ / Zucchini(Wedge형)

- Zucchini 1ea
- Olive Oil
- Salt and pepper as needed

① 애호박은 웨지(Wedge)로 잘라서 올리브유, 소금 및 후추로 간을 하여 그릴에서 구워낸다..

② Grilled~ / Zucchini(길이형)

- Squash 50g
- Olive Oil as needed
- Salt and Pepper as needed

① 호박은 사선으로 비스듬하게 자른 후 소금, 후추, 올리브오일로 양념을 한 후 그릴에서 굽는다.

③ Grilled~ or Marinated / Zucchini

- Squash 1ea
- Olive oil as needed
- garlic, chopped as needed
- Fresh thyme as needed
- Salt and pepper as needed

① 호박은 길이로 넓게 썰어 올리브유, 소금, 후추로 간을 한다.
② 그릴에서 노릇하게 구워낸다.

④ Pan Fried~ / Zucchini

- Zucchini 30g
- Butter as needed

① 애호박은 길이로 4등분하여 속을 1/2정도 제거한다.
② 슬라이스하여 버터에 볶는다.

(3) 당근

① Glazed~ / 긴 막대형

- Carrot 60g
- Salt as needed
- Sugar as needed

- Butter as needed

① 당근은 긴 막대모양으로 썬 다음 익혀서 팬에서 소금, 설탕 및 버터를 넣고 글라세(Glacer)한다.

② Blanched~ / Olivette Style

- Carrot 30g
- Salt as needed
- White pepper as needed
- Sugar as needed

① 당근은 올리베뜨(Olivette)로 모양을 내어 뜨거운 물에 삶은 후 물기를 뺀다.

② 팬에 버터를 두르고 ①의 당근을 볶은 다음 소금, 백후추, 설탕을 넣고 윤기를 나게 한다.

③ Sauteed~/ Small Diced

- Carrot small dice as needed
- Oil as needed

① 당근은 스몰다이스로 썰어서 팬에서 소테한다.

④ Glazed~/ Baby Carrot

- Baby Carrot 6ea
- Sugar as needed
- Butter as needed
- Salt as needed

① 당근은 껍질을 제거하고 소금물에 블랜칭한 후 팬에 설탕과 버터를 넣어 글레이징한다.

⑤ Glazed~ / Vichy Carrot

- Carrot 40g
- Lemon Juice as needed
- Sugar as needed

① 당근은 비시상태로 썰어 삶은 후 버터, 레몬주스 및 설탕으로 글라세한다.

  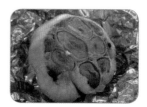

▲ Grilled Squash   ▲ Grilled Pumpkin   ▲Grilled Whole Garlic

(4) 가지

① Fried~ / Eggplant

- Eggplant 30g
- Oil For Frying as needed

① 가지는 얇게 썰어 기름에 아싹하게 튀겨 기름기를 제거하고 장식용으로 준비한다.

② Grilled~ / Eggplant

- Eggplant 50g
- Olive Oil as needed
- Salt and Pepper as needed

① 가지는 사선으로 비스듬하게 자른다.

② 소금, 후추, 올리브오일로 양념을 한 후 그릴에서 굽는다.

③ Grilled~ / Wedge Style

- Eggplant 1ea
- Olive Oil
- Salt and pepper as needed

① 가지는 웨지(Wedge)로 잘라서 올리브유, 소금 및 후추로 간을 하여 그릴에서 구워낸다.

(5) 브로콜리

① Poached~ / Broccoli

- Broccoli, diced 100g
- Salt as needed
- Butter as needed
- Pepper as needed
  ① 브로콜리는 소금물에서 데친 후 찬물에서 식힌다.
  ② 팬에 버터를 두르고 소금, 후추로 간을 한다.

▲ Poached Broccoli

▲ Saute Shallot

(6) 엔다이브

① Pan Fried~ / Endive

- Endive 20g
- Butter as needed
  ① 엔다이브와 아스파라거스는 데친다.
  ② 버터에 살짝 볶는다.

(7) 토마토

① Pan Fried~ / Tomato

- Tomato 30g
- Olive oil as needed
  ① 토마토는 둥글게 썬다.
  ② 소금, 후추, 올리브오일을 뿌려 빨리 볶아낸다.

② Baked~ / Tomato

- Olive oil as needed

- garlic, chopped ad needed

- Fresh thyme as needed

- Salt and pepper as needed

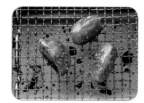

▲ Confit Tomato

(8) 피망, 파프리카

① Sauteed~ / Pimento

- Red Pimento 20g

- Paprike 20g

- Butter as needed

① 피망과 파프리카는 살짝 버터에 볶아서 준비한다.

② Grilled~ / Paprika

- Red(Yellow) Paprika 2ea

- Olive oil as needed

- Garlic, chopped as needed

- Thyme, chopped as needed

- Salt and pepper to taste

① 파프리카는 다이스로 자른 후 올리브오일, 다진 마늘과 타임, 소금, 후추
에 재운다.

② 팬에서 굽는다.

(9) 버섯류

① Grilled~ / Mushroom

- King Ouster Sliced 30g
- Shiitake Quartered 20g

① 새송이버섯, 표고버섯은 길이로 잘라 양념한다.

② 올리브오일을 발라서 그릴에서 마킹 작업을 한다.

▲Grilled Mushroom

(10) 양배추

① Sauteed~ / Sour Red Cabbage

- Red Cabbage 300g
- Butter 20g
- Sugar 5g
- Salt to taste
- Red Wine Vinegar 5ml

① 적양배추는 가늘게 채썰어 버터에 볶는다.

② 설탕, 소금, 적포도주 식초를 넣어 조려 새콤한 맛이 들도록 한다.

(11) 샬롯

① Grilled~ / Shallot

- Shallot 30g
- Olive Oil

① 샬롯은 모양을 다듬어 양념한다.

② 올리브오일에 발라서 그릴에서 마킬 작업을 한다.

(12) 연근, 오렌지, 무, 비트

① For Garnished~ / Lotus

- Lotus 1ea
- Salad Oil for frying as needed

① 연근은 얇고 길게 잘라 끓는 물에 살짝 데친다.

② 기름에 튀겨서 가니시로 사용한다.

② For Garnished~ / Orange Segment

- Orange 2ea
- Butter as needed
- salt and pepper to taste

① 오렌지는 세그먼트로 잘라낸다.

② 팬에 버터를 넣고 소금, 후추로 간을 한다.

③ For Garnished~ / Turnip and Beet

- Turnip julienne 10g
- Beet julienne 10g

① 무와 비트는 채(줄리안)으로 썬다.

② 찬물에 담구어서 차게 준비한다.

(13) 과일류 및 견과류

① Pan Fried~ / Apple

- Apple 30g
- Butter as needed

① 사과는 가늘게 채썬다.

② 버터에 살짝 볶는다.

② Poached~ / Apple Ring

- Apple 1ea
- Butter as needed

• Salt and pepper to taste

① 사과는 링으로 자른다.

② 버터, 소금, 후추를 넣은 끓는 물에 데친다.

③ Mashed~ / Chestnut

  • Chestnut 20g

  • Butter 30g

  • Salt as needed

  • Whole Peppercorn crushed as needed

① 밤은 껍질을 벗긴 후 삶아 체에 내린다.

② 버터와 소금을 넣고 체에 내려 매시 상태로 한다.

8. 감자 및 전분요리

(1) 베르니포테이토(Berny Potato)

크로켓 감자 반죽을 지름 3cm 정도로 둥글게 만들어 달걀과 아몬드 다진 것을 입힌 후 튀겨서 제공한다.

(2) 보일드 포테이토(Boiled Potato)

감자 한 개를 달걀모양으로 깎은 다음 끓는 소금물에 삶아서 제공한다.

▲ 베르니포테이토

▲ 보일드 포테이토

(3) 리본 포테이토(Ruban Potato)

두께 1~2mm 길이 7~8cm의 리본모양으로 감자를 돌려서 깎은 다음 기름에 튀겨 제공한다.

(4) 알루메뜨 포테이토(Allumette Potato)

감자를 성냥개비 모양으로 썰어서 기름에 튀겨 제공한다.

▲ 리본 포테이토

▲ 알루메뜨 포테이토

(5) 뽕-느프 포테이토(Pont-Neuf Potato)

1cm×1cm×6cm 크기로 자른 후 물에서 삶아 기름에 튀겨 제공한다.

▲ 뽕-느프 포테이토

(6) 폴렌타(Polenta)

옥수수가루(Cornmeal, Corn Flour)를 끓여서 만들며 북이탈리아 및 스위스를 비롯한 동유럽국가와 브라질 및 멕시코 등지에서 많이 이용되고 있다. 가루는 시중에서 시판되고 있다.

물을 높은 열에서 팔팔 끓인 다음 폴렌타를 넣고 저어주면서 소금과 설탕을 넣는다. 열을 낮추어 조절하면서 폴렌타가 크림상태가 될 때까지 계속 30

분 정도 저어주다가 치즈를 넣고 마감한 다음 간을 한다. 이 때 사용하는 치즈는 Mascarpne를 많이 사용한다.

(7) 더치스 포테이토(Duchess Potato)

더치스는 공작부인(Duke)이라는 뜻으로 감자를 삶아서 매시드(Mashed~) 상태로 만든 다음, 달걀노른자, 버터 우유, 너트메그, 소금 및 후추로 간을 하여 잘 혼합한 다음 파이핑 백에 넣고 모양을 만들어 오븐에서 구운 감자 요리이다.

▲ 폴렌타(Polenta)

▲ 더치스 포테이토(Duchess Potato)

(8) 뢰스띠(Rosti 혹은 Roschtiti)

뢰스띠는 스위스의 전통적인 감자요리로 농부들이 아침식사에 먹었던 요리이다. 소시지의 일종인 서버랫(Cervelat)과 같이 먹으며 우리나라의 감자전과 비슷하다고 보면 된다. 만드는 방법은 강판에 거칠게 갈아 소금, 후추로 간을 한 다음 팬에서 양면이 황금색(Golden Brown)이 나도록 모양있게 굽는다.

(9) 자켓 포테이토(Jacket Potato)

자켓 포테이토는 일명 Baked Potato라고도 하며 감자 속을 파내어 자켓 속에 여러 내용물을 넣은 것처럼 보인다고 하여 명명되었다. 만드는 방법은 먼저 감자를 깨끗하게 씻어 물기를 완전하게 제거한 다음 이쑤시개나 포크로 눌러 올리브 유로 표면을 바르고 소금간을 한 후 오븐에서 굽는다. 감자가 익으면 속을 파낸 다음, 올리브와 양파 등을 넣고 같이 버무려 다시 속을 채우고 표면에 치즈를 뿌려 오븐에서 색을 낸다.

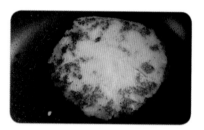

▲ 뢰스띠(Rosti 또는 Roschtiti)

▲ 자켓 포테이토(Jacket Potato)

(10)윌리엄 포테이토(William Potato)

감자는 껍질을 벗기고 물에서 익힌 다음에 으깨어서 소금, 크림, 버터, 노른자를 넣어서 고루 잘 섞는다. 그 반죽을 원하는 형태로 만들고 표면에 빵가루를 약간 묻힌 다음, 모양을 서양배처럼 만들어 180℃에서 황금색으로 튀겨낸다.

(11) 파르망띠에 포테이토(Parmentier Potato)

감자는 1cm 정도의 사각으로 자른 다음 소금, 후추로 간을 하고 버터에 볶다가 오븐에서 갈색을 낸 다음 파슬리 가루를 뿌린다.

▲윌리엄 포테이토 (William Potato)

▲ 파르망띠에 포테이토(Parmentier Potato)

(12) 크로켓 포테이토(Croquette Potato)

감자를 삶아서 간을 한 다음 버터, 크림, 달걀, 빵가루 및 밀가루 등을 넣고 기름에서 튀긴다.

(13) 매시드 포테이토(Mashed Potato)

으깬 감자에 버터, 크림, 달걀, 빵가루 및 밀가루 등을 넣고 짤주머니에서 모양있게 짠 감자요리를 말한다.

▲ 크로켓 포테이토(Croguette Potato)

▲ 매시드 포테이토(Mashed Potato)

(14) 파리지엥 포테이토(Parisienne Potato)

감자를 구슬 모양으로 파내어 버터로 오븐에서 구워 내거나 약간 삶아 기름에서 튀겨 조리한다.

(15) 도피네 포테이토(Dauphine Potato)

감자를 얇게 썰어 약간 포개지게 하여 그라탱 볼에 넣고 간을 한 다음 크림과 치즈를 뿌린다. 이런 방법으로 반복하다가 우유를 붓고 오븐에서 익힌 다음 다시 꺼내어 치즈를 넣고 황금색으로 굽는다.

▲ 파리지엥 포테이토(Parisienne Potato)

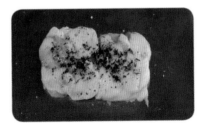
▲ 도피네 포테이토(Dauphine Potato)

(16) 안나 포테이토 (Anna Potato)

나폴레옹 3세 시대에 살았던 여인인 〈안나〉의 이름을 붙여 만들어진 것으로 감자는 동그랗게 썰어서 찬물에 담그어 전분을 제거한 다음 물기를 제거하고 동그랗게 쌓아올려 버터를 칠하고 오븐에서 구워낸다.

(17) 리오네이즈 포테이토 (Lyonnaise Potato)

프랑스의 도시 리용은 요리로 유명한데 리용식 감자는 썰어서 찬물에 담그어 전분을 제거한 다음 버터를 두르고 다진 양파와 감자를 볶다가 다진 파슬리를 넣고 간을 하여 내는 심플한 감자요리이다.

▲안나 포테이토(Anna Potato)

▲리오네이즈 포테이토 (Lyonnaise Potato)

(18) 플랜 포테이토 (Flan Potato)

감자를 삶은 다음 퓨레로 만들어 버터, 너트메그, 달걀, 후추, 파슬리가루, 크림 등을 넣어 몰드에 버터를 칠하고 혼합물을 넣어 오븐에서 구운 것이다.

(19) 올리베또 포테이토 (Olivette Potato)

감자를 올리베또 형태로 다듬은 다음 물에 약간 익혀 팬에서 버터와 설탕을 넣고 졸여서 글레이징하거나 굽는다.

▲플랜 포테이토 (Flan Potato)

▲올리베또 포테이토(Olivette Potato)

(20) 로스트 포테이토 (Roast Potato)

구운 감자라는 뜻으로 소금물에서 감자를 삶은 다음 감자껍질을 제거하여 일정형의 모양을 만들어 간을 한 후 오븐에서 구운 감자로, 가장 보편적이며 광범위한 개념을 가진다.

▲로스트 포테이토(Roast Potato)

9. 메인요리/소스(Main Dish & Sauce)

메인요리에 사용되는 소스류는 두 가지 부류로 나누어지는데, 첫째로 산업체에서 비교적 공식적으로 표기된 소스를 만들어 사용하는 방식과, 둘째는 고기를 익힐 때 나오는 즙으로 즉석에서 소스를 만드는 방법이 있다.

(1) 주의점

① 소스를 만들 때 어느 방식을 사용할지의 여부는 각 나라별, 지역별, 산업체별 및 만드는 주방장에 의하여 달라지기 때문에 가장 중요한 것은 지침서 상에 표기된 대로 하여 논란의 여지를 없애는 것이다.

② 5대 모체소스를 기반으로 파생소스를 학습하여 널리 두루 익히는 방법이 가장 최선의 길이다. 별도로 소스책을 구입하여 빈도가 높은 소스는 자신의 스타일대로 기재하여 기록한다.

① 소스의 기본 조합

소스 분류	주재료		기본소스	응용소스
갈색육수 계	brown stock		혼드보/에스파뇰	비가라드, 헌터
흰색육수 계	white beef stock	beef veloute	알망데 소스	오로라, 폴레테
	white chicken stock	fish veloute	백포도주 소스	베르시, 카디날
	white fish stock	chicken veloute	슈프림 소스	아이보리, 헝가리안
토마토 계	tomato/stock		토마토 소스	프로방살 피자, 볼로네이즈
우유 계	milk/roux		베샤멜 소스	모르네이, 낭투아, 크림
오일 계	달걀노른자 / 오일		마요네즈	타르타르, 아이올리
	식초 / 오일		비네그레트	프렌치 비네그레트
버터 계	버터/ 달걀 노른자		홀랜다이즈	베어네이즈, 초오론
	버터		베흐 블랑/버터 소스	브레통, 그린버터

(2) 고기의 즙(jus)을 이용하여 만든 소스

① 육고기/18종

구분	종류	활용소스
적색육 (Red Meat)	쇠고기 및 양고기류로 나누어지며, 사용되는 소스는 주로 브라운소스에 기반된 데미글라스나 그라스 드 비앙으로 처리한다. (8종)	① Red Wine Sauce ② Foyot Sauce ③ Italian Sauce ④ Bordelaise Sauce ⑤ Layonnaise Sauce ⑥ Mandeira Sauce ⑦ Chasseur Sauce ⑧ Rosemary Gravy

구분	종류	활용소스
백색육 (White Meat)	송아지, 돼지고기, 치킨, 오리, 메추리 등	① Veal : 적색육을 참조 ② Pork : Apple Sauce, Mustard Cream Sauce, Orange Sauce ③ Chicken : Pineapple Sauce, Supreme Herb Sauce, Allemande Sauce, Saffron Sauce, Tomato Sauce ④ Duck : Bigarade Sauce, Peach Sauce

② 생선 및 갑각류/5종

구분	종류	활용소스
적색육 (Red Meat)	참치, 적도미, 연어 등(3종)	① Lemon Cream Sauce ② (Warm) Vinaigrette Sauce
백색육 (White Meat)	도미, 넙치, 대구, 바닷가재, 대하 등(2종)	① White Wine Sauce ② (Whisky) Cream Sauce

(3) 칼의 종류

구분	이름	활용도
	프렌치 나이프 (french knife) 셰프 나이프 (chef's knife) 메인 나이프 (main knife)	일반적으로 가장 많이 쓰이는 칼.
	피쉬 나이프 (fish knife)	생선을 손질하거나 자를 때 사용.
	후르츠 나이프 (fruit knife)	과일을 자르거나 껍질을 벗길 때 사용.
	패링 나이프 (paring knife)	야채의 껍질을 까거나 다듬을 때 사용.
	쁘띠 나이프 (petite knife) 샤또 나이프	과일이나 야채를 둥글게 깎을 때 사용.

구분	이름	활용도
	데코레이팅 나이프 (decorating knife)	과일, 야채를 모양내서 자를 때 사용. /묵, 두부 등.
	클레버 나이프 (cleaver knife)	소, 생선, 가금류의 뼈를 자를 때 사용.
	본 나이프 (bon knife)	뼈에서 살을 발라낼 때 사용.
	부처 나이프 (butcher knife)	고기를 자를 때 사용.
	카빙 나이프 (carving knife)	로스트비프, 가금류, 연어를 썰 때 사용.
	브레드 나이프 (bread knife)	껍질이 딱딱한 빵을 자를 때 사용.
	치즈 나이프 (cheeze knife)	치즈를 자를 때 사용.
	민싱 나이프 (mincing knife)	파슬리나 각종 야채를 다질 때 사용.
	유틸리티 나이프 (utility knife)	여러 가지 용도로 다양하게 쓰이는 칼.

칼갈이

• 칼을 갈기 전 숫돌을 미리 물에 넣어놓는다.

• 숫돌에 물을 적셔가며 칼을 간다.

• 날을 세우는 쪽은 약 45° 반대쪽은 약 15°정도로 숫돌과 각을 준다.

• 칼을 갈 때 숫돌 전체를 사용한다.

(4) 조리용 소도구

구분	이름	활용도
	파리지엔 스쿱(parisian scoop)/ 볼 커터(ball catter)	과일이나 야채를 원형으로 깎을 때 사용.
	키친 포크 (kitchen fork)	뜨겁고 커다란 고기 덩어리를 집을 때 사용.
	스트레이트 스패츌러 (straight spatula)	크림을 바르거나 작은 음식을 옮길 때 사용.
	오이스터 나이프 (oyster kinfe)	굴이나 조개껍질을 열 때 사용.
	갈릭 프레스 (garlic press)	마늘을 으깰 때 사용.
	미트 소 (meat saw)	얼은 고기나 뼈를 자를 때 사용.
	그릴 스패츌러 (grill spatula)	뜨거운 음식을 뒤집거나 옮길 때 사용.
	샤프닝 스틸 (sharpening steel)	무뎌진 칼날을 세울 때 사용.
	키친 시어즈 (kitchen shears)	음식 재료를 자를 때 사용.
	롤 커터 (roll cutter)	피자나 얇은 반죽을 자를 때 사용.
	제스터 (zester)	오렌지나 레몬의 껍질을 벗길 때 사용.
	샤넬 나이프 (Channel Knife)	오이나 호박 등 채소에 홈을 낼 때 사용.

구분	이름	활용도
	치즈 스크레퍼 (Cheese Scraper)	단단한 치즈를 얇게 긁을 때 사용.
	버터 스크레퍼 (Butter Scraper)	버터를 모양 내서 긁을 때 사용.
	웨이브 볼커터 (Wave Ball Cutter)	과일이나 야채를 모양 내 깎을 때 사용(물결)
	애플 코어 (Apple Corer)	통 사과의 씨방을 제거할 때 사용.
	위스크 (Whisk . Egg Batter)	재료를 휘젓거나 거품을 낼 때 사용.
	웨이브 롤 커터 (Wave Roll Cutter)	라비올리나 패스트리 반죽을 자를 때 사용.
	그레이프 후르츠나이프 (Grapefruits Knife)	과일류(자몽)의 살을 발라낼 때 사용.
	피시 본 피커 (Fish Bone Picker)	생선살에 박혀 있는 뼈를 제거할 때사용.
	미트 텐더라이저 (Meat Tenderizer)	고기를 두드려서 연하게 할 때 사용.
	캔 오프너 (Can Opener)	캔을 오픈할 때 사용.
	트러싱 니들 (Trussing Needle)	가금류나 고기류를 꿰맬 때 사용.
	라딩 니들 (Larding Needle)	고기에 인위적으로 지방을 넣을 때 사용.
	피시 스케일러 (Fish Scaler)	생선의 비늘을 제거할 때 사용.

구분	이름	활용도
	포테이토 라이서 (Potato Ricer)	삶은 감자를 으깰 때 사용.
	올리브 스토너 (Olive Stoner)	올리브씨를 제거할 때 사용.
	에그 슬라이서 (Egg Slicer)	달걀을 일정한 두께로 자를 때 사용.
	시노와 (Chiniois)	스톡이나 고운 소스를 거를 때 사용.
	차이나 캡 (China Cap)	토마토 소스, 삶은 감자 등을 거를 때 사용.
	콜랜더 (Colander)	음식물의 물기를 제거할 때 사용.
	푸드 밀 (Food Mill)	감자나 고구마 등을 으깨서 내릴 때 사용.
	스키머 (Skimmer)	스톡 등을 끓일 때 거품 제거에 사용.
	메시 스키머 (Mesh Skimmer)	음식물을 거를 때나 물기 제거에 사용.
	롱스푼, 솔드 스푼 (Soled Spoon)	주방에서 요리할 때 쓰는 커다란 스푼.
	슬로티드 스푼 (Slotted Spoon)	주방에서 액체와 고형물을 분리할 때 사용.
	래들 (Ladle)	육수나 소스, 수프 등을 뜰 때 사용.
	소스 래들 (Sauce Ladle)	주로 소스를 음식에 끼얹을 때 사용.

구분	이름	활용도
	러버 스패츌러 (Rubber Spatula)	고무 재질로 음식을 섞거나 모을 때 사용.
	우든 패들 (Wooden Paddle)	나무주걱으로 음식물을 저을 때 사용.
	페퍼 밀 (Pepper Mill)	후추를 잘게 으깰 때 사용.
	애플 필러 (Apple Peeler)	사과의 껍질을 벗길 때 사용.
	테린 몰드 (Terrine Mould)	테린을 만들 때 사용.
	파테 몰드 (Pate Mould)	파테를 만들 때 사용.
	시푸드 툴 세트 (Seafood Tool Set)	갑각류의 껍질을 부수거나 속살을 파낼 때 사용.
	아보카도 슬라이서 (Avocado Slicer)	아보카도를 일정한 두께로 한번에 자를 때.
	머시룸 커터 (Mushroom Cutter)	양송이를 일정한 두께로 자를 때 사용.
	그레이프프루츠 웨저 (Grapefruit Wedger)	자몽을 웨저형으로 자를 때 사용.
	롤링 허브 민서 (Rolling Herb Mincer)	허브를 다질 때 사용.
	미트 텐더 인젝터 (Meat Tender Injector)	고기를 연하게 하기 위해 연육제를 첨가할 때 사용.
	너츠 크래커 (Nuts Cracker)	호두, 아몬드 등의 껍질을 부술 때 사용.

구분	이름	활용도
	그릴 텅 (grill Tong)	뜨거운 음식물을 집을 때 사용.
	스파이럴 커터 (Spiral Cutter)	야채를 스프링 모양으로 자를 때 사용.
	버터 슬라이스 (Butter Slice)	버터나 크림치즈 등을 자를 때 사용.
	시트 팬 (Sheet Pan)	음식물을 담아 놓거나 요리할 때 사용.
	만돌린 (Mandoline)	다용도 채칼로 와플형으로 만들 때 사용.
	키친 보드 (Kitchen Board)	재료를 썰 때 받침으로 사용.
	와이어 글러브 (Wire Glove)	주로 굴의 껍질을 제거할 때 사용.
	와이어 브러시 (Wire Brush)	그릴의 기름 때 제거할 때 사용.
	드럼 그레이터 (Drum Grater)	하드 치즈류를 갈 때 사용.
	샤프닝 스톤 (Sharpening Stone)	무뎌진 칼의 날을 세울 때 사용.
	그레이터 (Grater)	치즈나 야채 등을 갈 때 사용.
	샤프닝 머신 (Sharpening Machine)	무뎌진 칼의 날을 세울 때 사용하는 기계.
	애플 슬라이서 (Apple Slicer)	사과 및 과일을 웨지형으로 썰 때 사용.

구분	이름	활용도
	로스트 커팅 텅스 (Roast Cutting Tongs)	로스트한 고기를 일정한 두께로 썰 때 사용.
	핸드 블렌더 (Hand Blender)	수프나 소스를 곱게 만들 때 사용.
	에그 포처 (Egg Poachers)	달걀을 포치할 때 사용.
	패스트리 백과 노즐 세트 (Pastry Bag & Nozzle Set)	생크림 등을 넣고 모양내 짤 때 사용.
	프티 패스트리 커터 (Petit Pastry Cutter)	반죽을 모양내 자를 때 사용.
	패스트리 블렌더 (Pastry Blender)	재료를 섞을 때 사용.
	도우 디바이더 (Dough Divider)	반죽을 일정한 간격으로 자를 때 사용.
	머핀 팬 (Muffin Pan)	머핀을 구울 때 사용.
	브레드/바게트 팬 (Bread Pan , Baguette Pan)	왼쪽은 식빵, 오른쪽은 바게트를 구울 때 사용.
	라지 호텔 팬 (Large Hotel Pan)	밧드라고도 함. 음식물을 담을 때 사용.
	퍼포레이티드 호텔 팬 (Perforated Hotel Pan)	샐러드나 음식물의 물기를 제거할 때.
	스몰 호텔 팬 (Small Hotel Pan)	가니쉬나 작은 음식물을 보관할 때 사용.
	미디엄 호텔 팬 (Medium Hotel Pan)	다양한 음식물을 담아 보관할 때 사용.

제**4**부 양식조리산업기사
실기

Roasted Chicken Stuffed Vegetables and Potato Puree with Tomato Sauce

감자퓌레를 곁들인 채소로 속을 채운 닭가슴살 요리와 토마토 소스

요구사항

❶ 닭가슴살은 나비모양으로 펼친다음 사용하시오.
❷ 치킨에서 나온 뼈를 이용하여 치킨스톡을 만드시오.
❸ 감자는 퓌레를 만드시오.
❹ 주어진 채소(당근, 브로콜리니)는 각기 다른 방법으로 요리하시오.

지급재료와 컨디먼트 별 조리방법

Step 1. 닭고기처리 및 치킨스톡 제조

닭고기 180g, 양파 20g, 당근 30g, 셀러리 10g, 소금 조금, 후추 조금

❶ 닭가슴살은 손질한 후, 두께의 한 가운데 지점을 납작하게 잘라 나비모양으로 펼친다음 간을 한다.
　(끝 부분은 칼로 절단하지 말 것)
❷ 여분의 뼈와 살코기는 미르포아를 넣고, 치킨스톡을 만든 다음 체에 거른다.

Step 2. 닭고기 처리

밀가루, 올리브오일, 소금, 후추

❶ 치킨의 가슴살 중앙에 준비된 채소 내용물을 놓고, 끝에 밀가루를 고루 묻혀 반대편 가슴살로 덮어
　손가락으로 눌러서 접착시켜준다.
❷ 닭고기 표면을 밀가루로 골고루 입힌 후, 팬에서 양면을 고루 지져낸다.

Step 3. 토마토 소스

토마토 70g, 마늘 2g, 양파 20g, 토마토 페이스트 20g, 백포도주 20ml, 월계수잎 1잎, 바질 1g, 오레가노 2g,
치킨스톡 40ml, 소금 조금, 후추 조금

❶ 토마토는 콩카세한다.
❷ 팬에 마늘, 양파를 넣고 볶다가 토마토페이스트를 넣고 고루 잘 저어준다.
❸ 콩카세한 토마토를 넣고 충분히 볶은 다음, 백포도주를 넣고 반 정도로 졸인다.
❹ 향신료와 치킨스톡을 넣고 끓인 다음, 굵은 체에서 걸러 소금, 후추로 간을 한다.

Step 4. 마무리

❶ 닭가슴살과 토마토 소스
　– 접시 바닥에 토마토 소스를 충분히 깔고, 요리된 닭가슴살은 비스듬하게 3~4등분 잘라 가지런
　　히 배열한다.
❷ 감자 및 채소요리 브로콜리니와 피슛(슈가피)가니쉬
　– 준비된 감자요리와 채소요리는 색상과 모양을 비교하여 배열하고 브로콜리니와 피슛을 위에
　　가니쉬로 장식하여 입체감을 향상시킨다.

▲ 감자퓌레만들기

▲ 크로켓포테이토

▲ 가슴살 미루뿌아 스터핑

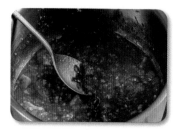

▲ 토마토 소스

 알아가는 기본지식!

토마토 소스(Tomato Sauce)　색상에 의한 분류 중 빨간색에 해당하는 소스로, 토마토를 주원료로 하며, 이태 리요리의 파스타등에 많이 사용되는 소스이다.

감자 퓌레(Potato Puree)　으깬 감자로, 감자를 삶은 다음 체에 내려 크림, 소금 및 후추로 간을 하여 걸쭉하 게 만든 것.

 ※ 토마토 소스(Tomato Sauce) 만드는 방법을 적으시오.

 ※ 감자 퓌레(Potato Puree) 만드는 방법을 적으시오.

 ※ 닭가슴살은 무슨모양으로 펼쳐 사용하는지 적으시오.

- 만든 후 참고할 점 및 보완할 점 -

작품사진

(실습 작품 첨부)

Roasted Pork Tenderloin Dry Apricot Stuffed and Dutches Potato with Grilled Vegetable add Apple Sauce

더치포테이토를 곁들인 건살구로 속을 채운 돼지등심구이와 사과소스

요구사항

❶ 돼지등심은 건살구(Dry Apricot)으로 속을 채우고 절임을 한 뒤 요리하시오.
❷ 사과소스(Apple Sauce)를 만들어 요리와 같이 제공하시오.
❸ 감자는 더치스 포테이토(Duchess Potato)를 만들고 제시하시오.
❹ 채소(만가닥 버섯, 아스파라거스, 오븐 토마토, 적피망, 그릴링한 양파링)는 각기 다른 방식으로 요리하시오.

- -

 지급재료와 컨디먼트 별 조리방법

Step1. 고기 손질 및 스터핑 준비

돼지안심 160g, 사과 다이스한 것 60g, 버터 20g, 건살구(Dry Apricot) 30g, 시나몬 파우더 조금, 건포도 30g, 통후추 3알, 식용유 20ml

❶ 오븐은 200도로 예열한다.
❷ 등심은 지방을 제거하고 등심을 얇게 편다.
❸ 사과는 껍질을 벗기고 씨앗을 제거 한 다음, 작은 다이스로 썰어 버터에서 끈적끈적할 때까지 볶는다.
❹ ③에 건살구, 계피가루, 건포도를 첨가하여 섞어 조린 후 식힌다.
❺ 등심에 ④를 펴서 내용물을 채우고 실로 가지런히 묶은 다음, 통후추로 간을 한다.
❻ 높은 열의 팬에서 ⑤의 표면을 그을린 다음 오븐에 넣어 미디엄 웰던으로 굽는다. (이 때, 나온 육즙은 모아둔다.)

Step 2. 등심 익히기

양파 10g, 마늘 1쪽, 토마토 1/2개, 데미글라스 40ml, 갈색설탕 10g, 비네거 5ml

❶ Step 1의 육즙 ⑥에 다진 마늘, 양파, 토마토 콩카세, 데미글라스, 설탕, 식초를 넣어 끓인다.
❷ ①을 돼지고기 등심에 수시로 코팅하면서 오븐에 익힌다.

Step 3. 사과소스

사과 100g, 버터 15g, 레몬주스 5ml, 갈색설탕 15g, 계피가루 조금, 소금 조금

❶ 사과는 껍질을 벗기고 슬라이스 한다.
❷ 팬에 버터를 두르고 사과를 볶은 다음, 레몬주스, 설탕, 계피가루를 넣어 은근히 졸인다.
❸ 믹서기에 내용물 2를 넣고, 곱게 간 다음 소금으로 양념한다.
❹ 고운 체에 내린다.

Step 4. 마무리

❶ 돼지등심, 감자 및 채소요리
  – 구운 돼지등심을 오븐에서 꺼낸 다음, 실을 풀고 적당한 두께로 썰어 접시에 배열 한 뒤, 준비된 채소와 감자는 고기주변에 예술성이 있도록 배치한다.
❷ 사과소스와 장식
  – 사과소스는 도안하여 바닥에 그린다.

▲ 사과소스만들기

▲ 돼지안심 스터핑하기

▲ 더치스 포테이토

▲ 돼지안심 굽기

 알아가는 기본지식!

더치스 포테이토(Duchess Potato)　감자를 삶아서 으깬다음, 노른자, 넛맥, 우유(혹은 크림)을 넣어서 반죽을
　　만든 다음, 짤주머니에 넣어 모양을 짜서 오븐에서 노릇하게 익힌 것. (버터를 절대 넣어선 안된다)

사과소스(Apple Sauce)　신맛이 나는 사과에 사이다(사과주)와 계피(혹은 올스파이스)분말이 들어간 로스
　　트한 돼지고기에 사용되며, 독일에서는 팬케익에 동반되는 소스이고, 네덜란드에서는 프라이와 곁들이기
　　도한다.

Pork Tenderloin with Boulangere potato and artichoke　안심을 실로 말아 볶은 채소와 같이 찐 다음, 썰
　　어 동그란 모양을 내고, 위에 Boulangere Potato를 올려서 같이 제공한다.

Loin of pork a la limousine　등심을 로스팅 한 다음, 적양배추와 메쉬 체스넛과 같이 내는 요리.

다시 한번 알아보는 유의사항 문제

※ 등심을 익힐 때 사용하는 재료를 적으시오.

※ 더치스 포테이토(Ducheese Potato)가 무엇인지 적으
시오.

※ 사과소스(Apple Sauce) 만드는 방법을 적으시오.

– 만든 후 참고할 점 및 보완할 점 –

작품사진

(실습 작품 첨부)

Dry Plums of Beef Fillet and Glazing Potato, Carrot, Grilled Mushroom with Chive Sauce

건자두로 속을 채운 쇠고기안심 스테이크와 차이브 소스

요구사항

❶ 소스는 브라운 스톡(Brown Stock)을 졸여서 사용하시오.

❷ 안심은 미디엄(Medium)으로 굽고, 차이브소스를 곁들이시오.

❸ 감자는 올리베또로 다듬어 사용하시오.

❹ 주어진 채소(당근글레이징, 버섯 그릴링)는 각다른 조리법을 사용하여 조리하시오.

 지급재료와 컨디먼트 별 조리방법

Step 1. 안심 손질 및 절임

소 안심 160g, 건자두 20g, 타임 1줄기, 소금 조금, 후추 조금, 올리브오일 조금

❶ 오븐은 먼저 200도로 예열한다.

❷ 안심은 소창과 고기망치를 이용하여 모양을 잡는다.

❸ 속을 파서 건자두를 채운다.

❹ 올리브오일, 타임, 소금 및 후추로 마리네이드 한다.

Step 2. 차이브 소스(Chive Sauce)

버터 10g, 당근 조금, 양파 조금, 브라운 스톡 100ml, 차이브 다진 것

❶ 팬에 버터를 두르고 미르포아(양파, 당근, 양파)를 넣어 갈색으로 색을 낸 다음, 브라운 스톡을 넣는다.

❷ 체에 거른다음 간을하고 다진 차이브를 넣는다.

❸ 간을 하고 버터로 몬테한다.

Step 3. 마무리

미디엄으로 구운 소 안심과 올리베토 감자, 채소 가니쉬와 차이브 소스, 장식용 타임

❶ 안심은 그릴에서 굽고 반으로 썰어 서로 교차시켜 배열한다.

❷ 감자는 소금물에 데친후 버터, 설탕, 소금 첨가하여 글레이징 한다.

❸ 요리와 채소는 색상을 고려 후, 배치하고 소스로 마감 후 완성한다.

▲ 올리베토감자 준비

▲ 당근글레이징

▲ 버섯 그릴링

▲ 건자두 스터핑

▲ 차이브소스

알아가는 기본지식!

스터핑(Stuffing)　만두 등과 같은 요리속에 넣는 (속에 채우다)라는 의미.

올리베또 감자(Olivette Potato)　감자를 올리베토 형태로 다듬은 다음, 소금물에 약간 익혀 팬에서 버터와 설탕을 넣고 졸여 글레이징하거나 구워낸다.

※ 스터핑(Stuffing)이 무엇인지 적으시오.

※ 올리베또 감자(Olivette Potato) 만드는 방법을 적으시오.

※ 차이브 소스(Chive Sauce) 만드는 방법을 적으시오.

– 만든 후 참고할 점 및 보완할 점 –

작품사진

(실습 작품 첨부)

Roasted Chicken Breast and Potato Mashed with Grilled vegetable add Supreme Sauce

감자 메쉬를 곁들인 구운 닭가슴살과 슈프림소스

요구사항

❶ 닭가슴살은 날개뼈와 껍질이 붙은 상태로 조리하시오.

❷ 슈프림 소스는 버터 몬테 후 사용하시오.

❸ 감자는 메쉬 포테이토를 만들어 제출하시오.

❹ 주어진 채소(아스파라거스, 적피망, 브로콜리니, 만가닥버섯)는 각기 다른 조리법을 사용하시오.

 지급재료와 컨디먼트 별 조리방법

Step 1. 닭가슴살 손질

닭가슴살 130g, 양파 30g, 셀러리 10g, 당근 조금, 월계수잎 1장, 통후추 3g, 소금 조금, 후추 조금, 밀가루 10g, 오일 조금

❶ 닭가슴살을 다듬고 남은 뼈는 냉수에 담가 핏물을 제거하고, 다시 포트에 뼈, 양파, 셀러리, 당근, 월계수잎, 통후추를 넣은 다음 치킨 스톡을 만든다.

❷ 가슴살은 뼈가 붙은 상태로 모양을 다듬어 소금, 후추로 간을 한다.

❸ 밀가루로 표면을 골고루 입힌다.

❹ 팬에 오일을 두르고 양면을 노릇하게 굽는다.

Step 2. 슈프림 소스

버터 조금, 양파 20g, 밀가루 조금, 치킨스톡 50ml, 생크림 30ml, 세이지 조금, 타임 조금, 소금 조금, 후추 조금

❶ 팬에 버터를 녹인 후, 양파를 볶다가 밀가루를 넣고 타지 않게 볶다가 치킨 스톡을 넣어 치킨 벨루때(Velute)를 만든다.

❷ 크림을 넣고 졸이다가 농도를 맞춘 후 체에 걸러 적당량의 버터조각을 넣고 몬테(Monte)를 한다.

❸ 다진 허브(세이지, 타임)을 넣어 향을 가미한다.

❹ 소금, 후추로 간을 하여 소스를 완성한다.

Step 3. 마무리

❶ 닭가슴살과 채소 및 감자요리. (준비된 채소를 색상을 고려하여, 상단부에 배치하고 요리된 닭가슴살을 4~5조각으로 잘라서 부채 모양으로 배치한다.)

❷ 소스와 오렌지 슬라이스 가니쉬. (소스를 부려 완성하고 신선한 차이브를 세워 입체감을 주며 오렌지슬라이스를 가니쉬로 장식한다.)

▲ 메쉬포테이토

▲ 닭 그릴링

▲ 슈프림소스

슈프림소스(Supreme Sauce) 치킨벨루떼에서 파생된 소스로, 흰색 계통이며 크림, 양송이 슬라이스와 포도주를 넣어 맛을 보강한다.

버터 몬테(Butter Monte 불어로 monte au beurre) 소스 등에 버터 조각을 넣어, 맛을 부드럽게 하고 식지 않도록 하는 역할을 한다.

※ 슈프림 소스(Supreme Sauce)는 어떤소스에서 파생된 소스인지 적으시오.

※ 버터 몬테(Butter monte) 하는 이유를 적으시오.

※ 메쉬 포테이토(Mashed Potato) 만드는 방법을 적으시오.

– 만든 후 참고할 점 및 보완할 점 –

작품사진

(실습 작품 첨부)

Pan-Fried Beef Tenderloin and Dauphine Potato with tomato confit, roast garlic add Italian Sauce

도피네 포테이토를 곁들인 팬에 구워 익힌 안심과 이탈리안소스

요구사항

❶ 안심을 굽고 난 후 육즙을 사용하여 소스를 만드시오.
❷ 안심은 미디엄으로 구워서 제시하시오.
❸ 감자는 도피네(Dauphine) 포테이토를 만들어 제출하시오.
❹ 주어진 채소(토마토, 마늘, 버섯)는 각기 다른 조리법으로 조리하여 제출하시오.

- -

 지급재료와 컨디먼트 별 조리방법

Step 1. 안심손질 및 마리네이

소안심 180g, 올리브 오일 10ml, 타임 다진 것 1줄기, 소금 조금, 후추 조금
❶ 안심은 소창과 고기망치를 이용하여 모양이 잘 나게 정리한 다음, 다진 로즈마리, 타임, 소금 및 후추로 표면에 고루 바른다.
❷ 팬에 기름을 두르고 스테이크의 양면을 갈색으로 구워 미디엄으로 요리한다. (이 때, 나온 육즙은 이탈리안 소스를 만들 때 사용하므로 버리지 않는다.)

Step 2. 이탈리안 소스

버터 조금, 양파 10g, 샬롯 10g, 양송이 30g, 토마토 30g, 토마토 페이스트 10g, 브라운 스톡 100ml, 타임 2g, 월계수잎 1장, 햄 20g, 적피망 10g
❶ 팬에서 버터를 두르고 다진 양파와 샬롯을 갈색으로 볶는다.
❷ 양송이를 다이스로 잘라서 넣고, 토마토는 콩카세한 다음, 토마토 페이스트를 첨가하여 볶는다.
❸ 브라운스톡과 향신료를 넣어 반 정도로 졸인다.
❹ 햄과 피망을 넣어 끓이면서 농도를 맞춘다. (타라곤, 안초비, 피클, 파슬리, 케이퍼 등이 일반적으로 들어간다.)

Step 3. 마무리

❶ 안심스테이크와 감자 및 채소요리 그리고 소스, 로즈마리 가니쉬
   – 미디엄으로 구워진 스테이크를 접시 중앙부에 놓고 스테이크를 약간 들고 후면부에 도피네 포테이토를 사각형으로 잘라서 담는다. 채소는 색상을 고려하여 예술적으로 배치하고 소스는 도안하여 뿌려 제출한다.

▲ 도피네포테이토 준비하기

▲ 토마토 콘피만들기

▲ 안심굽기

▲ 이탈리안 소스

알아가는 기본지식!

콩피(Confit)　오븐에서 구워 익힌 토마토로, 올리브오일, 마늘, 허브, 설탕 및 소금으로 간을 하여 조리에 사용한다.

이탈리안 소스(Italian Sauce)　안초비가 들어가는 소스로 육류요리에 사용된다.

도피네 포테이토　감자를 얇게 썰어 약간씩 겹치게 하여, 그라탱 볼에 넣고 간을 한 다음 크림과 치즈를 뿌리고 반복하여 층을 만들어준다. 우유를 붓고 오븐에서 익힌 후 다시 꺼내어 치즈를 표면에 뿌려 황금색으로 굽는다.

샬롯(Shallot)　부추과에 속하며, 마늘처럼 갈라져 나와 송이를 이룬다.

※ 콩피(Confit)가 무슨 조리법인지 적으시오.

※ 도피네 포테이토 만드는 방법을 적으시오.

※ 이탈리안 소스(Italian Sauce) 만드는 방법을 적으시오.

– 만든 후 참고할 점 및 보완할 점 –

작품사진

(실습 작품 첨부)

Grilled Rack of Lamb Peanut Crust and Mushroom Risotto with Provencial Sauce

땅콩크러스트로 감싼 양갈비구이와 프로방샬소스

요구사항

❶ 땅콩크러스트(Peanut Crust)를 만든다음 양갈비표면에 발라서요리하시오

❷ 양갈비는 절임을 한 후 조리하시오.

❸ 감자는 양송이를 이용하여 양송이 리조또를 제시하시오.

❹ 곁들이는 야채 가니쉬 3종(아스파라거스, 감자, 가지튀김, 브로콜리니)은 각기 다른 조리법을 이용하여 제출하시오.

 지급재료와 컨디먼트 별 조리방법

Step 1. 땅콩 크러스트

로즈마리 10g, 타임 10g, 파슬리 20g, 정향 1개, 땅콩 20g, 빵가루 120g, 버터 20g, 꿀 5g, 간장 소량, 후추 1g

❶ 로즈마리, 타임, 파슬리, 땅콩은 곱게 다져놓는다.

❷ 볼에 빵가루, 다진 허브, 녹은 버터, 꿀, 간장, 후추를 넣어 고루 섞는다.

❸ 만들어진 혼합물 2를 양갈비의 표면에 골고루 발라 사용한다.

Step 2. 양갈비 절임 및 시어링

양갈비 300g, 로즈마리 약간, 타임 약간, 소금 약간, 통후추 3개, 올리브오일 20ml, 머스터드 20g

❶ 양갈비에 붙은 기름기를 제거하고, 뼈 사이에 있는 힘줄은 깔끔하게 정리한다.

❷ 다진 로즈마리와 타임, 소금 및 으깬 통후추에 올리브오일을 넣은 다음 고루 섞는다.

❸ 팬을 가열한 후, 올리브오일을 넣고 절임을 한 양갈비살의 표면을 그을린다. (이 때, 양육즙이 어느 정도 생기므로, 버리지 않고 모아 프로방살 소스 제조시에 사용한다.)

❹ 양갈비살의 표면에 겨자를 골고루 바른 다음, 준비된 허브크러스트를 표면에 고루 묻힌다.

❺ 예열된 오븐(200도)에서 포일을 감싼 4를 미디엄으로 굽는다.

Step 3. 프로방샬소스

양파 다진 것 30g, 정향 1개, 마늘 1쪽 다진 것, 토마토 껍질 벗긴 것 1/4개, 양송이 3개, 그린올리브 다진 것 2개, 화이트 와인 30ml, 버터 50g, 토마토 페이스트 20g, Lamb Jus 조금, 파슬리 다진 것 10g, 소금 2g, 후추 1g, 밀가루약간

❶ 양파와 마늘은 곱게 다진다.

❷ 토마토는 끓는 물에 넣어 데친 후, 찬물에서 식힌 다음 껍질과 씨를 제거하고 콩카세(Concasse)로 썬다.

❸ 양송이는 물에 씻은 다음 슬라이스하고 올리브는 다진다.

❹ 가열된 팬에 버터를 두르고 마늘, 양파, 양송이, 그린올리브, 토마토 콩까세의 순으로 볶다가 백포도주를 넣어 반으로 졸인다.

❺ ④에 토마토 페이스트를 넣어 볶은 다음, 적정량의 램 주스를 넣고 끓인다.

❻ 농도를 맞춘 다음 소금 및 후추로 간을 하고, 다진 파슬리를 넣어 완성한다. 농도는 베흐마니에(Beurre Maine)을 사용한다.

Step 4. 마무리

❶ 양갈비: 접시 중앙에 구워진 양고기를 교차시켜 놓는다.

❷ 양송이 리조또 및 채소가니쉬 요리: 양송이 리조또는 몰드에 넣어서 준비하고 채소도 색상을 고려하여 배치한다.

❸ 소스: 접시 앞면에는 프로방샬 소스를 배치한다.

▲ 땅콩크러스트만들기

▲ 양갈비마리네이드

▲ 양갈비 굽기

▲ 양송이리조또 담기

▲ 땅콩 크러스트올리기

알아가는 기본지식!

크러스트(Crust) 크러스트라는 본래 의미는 껍질을 뜻하는 것으로, 요리에서는 빵, 빠떼(Pate), 혹은 파이의 겉 껍질을 의미한다. 허브는 Herb Crust, 소금은 Salt Crust, 마늘은 Garlic Crust, 등으로 다양하게 응용이 가능하다.

허브크러스트 빵가루에 필요한 허브를 잘게 다져 섞으면 된다. 이때 빵가루와 허브는 결합이 잘 되지 않으므로 버터, 올리브유 등의 유지류가 필요하다.

프로방샬(Provencial) 프랑스의 프로방스 지역을 의미한다

램 주스(Lamb jus) Jus는 Juice의 프랑스어로, 재료를 압착할 때 나오는 액체류이다. 과일의 경우 Fruit juice, 육류에서 추출될 때는 Meat Juice라고 칭한다. 팬에서 육류를 로스팅할때의 즙을 말한다.

※ 크러스트(Crust)의 의미를 설명하시오.

※ 채소 가니쉬 3가지에 사용할 조리법을 각 다르게 적으시오.

※ 프로방샬(Provencial) 이 무엇인지 적으시오.

– 만든 후 참고할 점 및 보완할 점 –

작품사진

(실습 작품 첨부)

Chicken Cordon Bleu and Ratatouille with Orange Sauce

라따뚤리를 곁들인 치킨 꼬르동 블루와 오렌지소스

요구사항

❶ 가슴살을 튀긴 후 치즈가 세어나오지 않게 가장자리를 잘 마무리하시오.

❷ 준비된 재료는 최대한 활용하고, 닭가슴살을 자를 때 주의하시오.

❸ 소스의 맛과 농도에 유의하시오.

❹ 오렌지세그먼트 & 제스트를 활용한 오렌지소스를 만들어내시오.

 지급재료와 컨디먼트 별 조리방법

Step 1. 치킨 꼬르동 블루

닭가슴살 140g, 아메리칸치즈 1장, 햄 20g, 달걀 1개, 빵가루 20g, 밀가루 20g

❶ 닭가슴살의 껍질을 제거하고 두께의 1/2위치를 가로로 끝쪽 1cm만 남기고 잘라펴서 나비모양으로 만든 후 소금 후추로 마리네이드해서 준비해둔다.

❷ 준비된 닭가슴살 한쪽에 가운데 80%정도의 넓이의 치즈와 햄을 넣는다.

❸ ②번의 한쪽 가슴살로 덮은 후에 가장자리는 밀가루를 발라가며 감싸서 붙인 후 전체를 밀가루, 달걀물, 빵가루를 묻힌다.

❹ 팬에 정제한 버터를 넉넉히 두르고, 뒷면부터 황금갈색을 낸다음 반대쪽 면을 익혀서 키친타올에 놓아 여분의 기름을 제거한다.

Step 2. 라따뚤리

양파 20g, 마늘 3g, 애호박 20g, 가지 20g, 홍피망 10g, 청피망 10g, 토마토 콩카세 30g, 이탈리안 파슬리 1줄기, 토마토 페이스트 20g, 백포도주 10ml, 양송이 10g, 타임 1줄기, 소금 약간, 후추가루 약간, 올리브오일 30ml

❶ 애호박, 가지, 양파, 청피망, 홍피망, 양송이는 0.7×0.7cm 썰어놓는다.

❷ 토마토는 콩카세한다. 마늘은 곱게 다지고 타임과 이탈리안 파슬리는 굵게 다져놓는다.

❸ 팬에 올리브오일을 두르고 마늘 다진 것을 넣고 볶다가 위에 썰어놓은 채소를 넣고 볶아낸다.

❹ 백포도주를 넣고 조린다음 토마토 콩카세와 토마토 페이스트를 넣고 볶아준뒤 소금,후추,허브 다진 것을 첨가하여 완성한다.

Step 3. 오렌지소스

오렌지 1개, 오렌지주스 60ml, 양파 20g, 백포도주 10ml, 버터10g, 글라스 드 비앙드 20ml, 소금 약간, 후추 약간, 설탕 5g

❶ 소스팬에 설탕을 넣고 카라멜색을 낸다.

❷ 오랜지 주스를 넣고 절반으로 졸여준다.

❸ 양파 다진것과 백포도주를 넣고 졸인 후 오렌지 주스를 넣고 함께 끓여준다.

❹ 글라드 드 비앙드를 졸여서 넣고 소금, 후추를 넣어 마무리한다.

❺ 오렌지 세그먼트와 제스트를 만들어 넣는다.

Step 4. 마무리

❶ 접시 중앙에 라따뚤리를 놓는다.
❷ 치킨 꼬르동 블루를 슬라이스 하여 올린다.
❸ 오렌지 소스를 곁들인다.

▲ 라따뚤리소테

▲ 라따뚤리담기

▲ 밀개빵준비

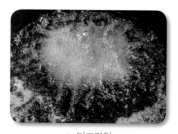
▲ 딥프라잉

알아가는 기본지식!

꼬르동 블루(Cordon Bleu)   코르동 블뢰는 얇은 햄을 치즈에 싸서 기름에 튀기거나 구운 고기 커틀릿이다. 전통적으로 송아지고기를 사용하지만, 돼지고기 및 닭고기도 사용된다. 닭고기는 닭가슴살을 얇게 저미는 것이 보통이다. 오스트리아식 커틀릿인 슈니첼 형태로 납작하게 만드는 슈니첼 코르동 블뢰도 있다. 독일에서 코르동 블뢰는 보통 이쪽을 가리키는 경우가 많다. 이 코르동 블뢰가 일본으로 건너가면서 얇은 돼지고기를 사용하면서 돈가스 형태로 발전시켰다.

오렌지 소스(Orange Sauce)   오렌지 주스에 글라스 드 비앙드를 이용한 소스.

라따뚤리(Ratatouille)   프랑스 남부지방의 음식으로 가지, 호박, 양파, 페퍼, 마늘등 야채만으로 이용한 건강식이다. 주로 메인요리, 스튜에 많이 응용되고 있다.

※ 코르동 블루 만드는 방법을 적으시오.

※ 오렌지 소스 만드는 방법을 적으시오.

※ 라따뚤리 만드는 방법을 적으시오.

- 만든 후 참고할 점 및 보완할 점 -

작품사진

(실습 작품 첨부)

Grilled Beef Tenderloin Steak Topped with Mushroom Duxelle and Roasted Potato with Bearnaise Sauce

로스트 포테이토를 곁들인 버섯듁셀을 얹은 소고기 안심스테이크와 베어네이즈소스

요구사항

❶ 안심은 미디엄 레어(Medium Rare)로 조리하시오.

❷ 양송이는 둑셀(Duxelle)로 만드시오.

❸ 감자는 로스트 포테이토(Roasted Potato)로 조리하시오.

❹ 주어진 채소(아스파라거스, 베이비 캐롯, 버섯)는 각 다른조리법을 사용하여 조리하시오.

 지급재료와 컨디먼트 별 조리방법

Step 1. 안심 손질 및 절임

소 안심 180g, 로즈마리 1줄기, 타임 1줄기, 소금 조금, 후추 조금

❶ 오븐은 먼저 200도로 예열한다.

❷ 안심은 소창과 고기망치를 이용하여 모양이 잘 나게 정리한 다음, 다진 로즈마리, 타임, 소금 및 후추를 표면에 고루 바른다.

Step 2. 베어네이즈 소스(Bearnaise Sauce)

샬롯 다진 것 10g, 타라곤 2g, 파슬리 1줄기, 통후추 4개, 식초 20ml, 화이트와인 100g, 월계수잎 1잎, 버터 100g, 달걀노른자 1개, 소금 조금, 후추 조금, 파슬리 다진 것 조금

❶ 팬에 버터를 넣고 가열한 다음, 불순물을 제거하여 미리 정제버터를 만들어 놓는다.

❷ 팬에 다진 양파, 타라곤, 파슬리 줄기, 으깬 통후추, 월계수잎, 백포도주 및 식초를 넣고 양이 1/3 정도 될 때 까지 졸인다.

❸ 약한 불에 물을 담고 위에 볼에 얹어 중탕상태로 한 다음, 달걀노른자를 넣고 적정량의 2를 넣어 정제버터를 조금씩 부어 소스를 만든다.

❹ 크림형태의 유화된 소스가 만들어지면 다진 타라곤(혹은 다진 파슬리)를 넣어서 마무리하여 소스를 완성한다.

Step 3. 둑셀(Duxelle)

양파 다진 것 20g, 양송이 2개, 버터 10g, 생크림 50ml, 소금 조금, 후추 조금

❶ 양파는 곱게 다지고, 양송이는 브뤼누아즈 크기로 썰어둔다.

❷ 팬에 버터를 넣고, 양파, 양송이를 넣어 볶다가 백포도주를 넣고 졸인다.

❸ 적정량의 생크림을 넣고 졸인 다음 소금, 후추로 간을 한다.

Step 4. 마무리

미디엄레어로 구운 소 안심과 감자 및 채소 가니쉬, 베어네이즈 소스와 둑셀, 레드와인 소스

❶ 그리들에 절임된 안심을 놓고 시어링 한 후, 오븐에서 미디엄레어로 고기를 굽는다.

❷ 오븐팬에 구워진 고기 ①을 놓고, 위에 준비된 양송이 둑셀을 적당량 올린 다음, 만들어진 베어네이즈 소스를 올려 살라만더에서 색을 내어 미디엄레어상태로 조리한다.

❸ 접시에 고기를 놓고, 레드와인 소스를 배치하고 감자, 채소 가니쉬를 색감의 조화를 이루도록 데코한다.

❹ 로즈마리나 타임을 중앙에 놓아 완성한다.

▲ 로스트포테이토 준비

▲ 버섯 듁셀 만들기

▲ 버섯 듁셀 크넬

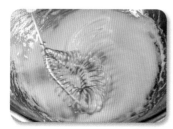
▲ 베어네이즈 소스

알아가는 기본지식!

베어네이즈 소스(Bearnaise Sauce) 홀랜다이즈 소스에서 파생되는 소스로, 정제버터를 이용하여 홀랜다이즈 소스를 만든 다음, 타라곤을 넣어 마무리한다.

버섯듁셀(Mushroom Duxelle) 곱게 다진 버섯, 샬롯, 양파, 허브 등을 버터에 넣고 천천히 페이스트가 될 때까지 조리한 것.

로스트 포테이토(Roasted Potato) 감자를 삶아 으깨어 작은 케이크 형태로 만든 후 팬에서 바삭하도록 팬 프라잉 한 것이다.

※ 베어네이즈 소스(Bearnaise Sauce) 만드는 방법을 적으시오.

※ 버섯 뒥셀(Mushroom Duxelle)을 만드는 방법을 적으시오.

※ 로스트 포테이토(Roasted Potato) 만드는 방법을 적으시오.

– 만든 후 참고할 점 및 보완할 점 –

작품사진

(실습 작품 첨부)

Grilled Beef Tenderloin and Lyonnaise Potato with Lyonnaise Sauce

리오네즈 포테이토를 곁들인 소 안심구이와 리오네즈소스

요구사항

❶ 소고기는 미디엄웰로 구워서 제시하시오.

❷ 소스는 리오네즈 소스를 만들어 사용하시오.

❸ 감자는 안나 포테이토를 만들어 제시하시오.

❹ 주어진 채소(피망, 브로콜리)는 각 다른 조리법을 사용하여 조리하시오.

 지급재료와 컨디먼트 별 조리방법

Step 1. 안심 손질 및 마리네이드

소 안심 140g, 소금 조금, 후추 조금

❶ 오븐은 먼저 200도로 예열한다.

❷ 안심은 소창과 고기망치를 이용하여 모양을 잡고 조리용 실로 묶고 올리브 오일로 마리네이드 하고 소금, 후추로 간을 한다.

Step 2. 감자요리(Lyonnaise Potato)

감자 1개, 버터 20g, 양파 1/4개, 파슬리 1줄기

❶ 감자는 껍질을 벗겨 썰어 찬물에 담근 다음 꺼내어 물기를 완전하게 제거한다.

❷ 팬에 버터를 넣고 양파를 색깔이 나지 않게 볶는다.

❸ 팬에 버터를 두르고, 감자를 넣어서 갈색이 날 때까지 볶는다.

❹ 3에 볶은 양파와 파슬리가루를 넣고 더 볶는다.

Step 3. 리오네즈 소스(Lyonnaise Sauce)

버터 30g, 양파 다진 것 10g, 마늘 다진 것 3g, 화이트와인 20ml, 비네거 5ml, 글라스 드 비앙 60ml, 타임 1줄기, 월계수잎 1잎

❶ 팬에 버터를 두르고, 양파와 마늘을 넣고 볶는다.

❷ 백포도주와 식초를 넣고, 1/3 정도 졸인다.

❸ 글라스 드 비앙과 향신료를 넣고 끓인 후 간을 한다.

Step 4. 마무리

❶ 안심스테이크와 리오네즈 포테이토, 야채 가니쉬와 리오네즈 소스 장식용 로즈마리.

    – 미디엄웰던으로 구워진 안심스테이크를 접시 중앙에 놓고 채소 가니쉬와 감자요리는 고기 주변에 배열한다.

    – 마지막 소스는 도안대로 배치한다.

▲ 리오네즈포테이토

▲ 핫베지터블준비

▲ 리오네즈소스

알아가는 기본지식!

리오네즈 감자(Lyonnaise Potato) 프랑스의 도시 리옹은 요리로 유명한데, 리옹식 감자는 썰어서 찬물에 담가 전분을 제거하고 버터를 두르고 다진 양파와 감자를 볶다가 다진 파슬리를 넣고 간을 하여 내는 감자요리이다.

리오네즈 소스(Lyonnaise Sauce) 프랑스의 리옹지방이 양파로 유명하기 때문에 발달되었던 브라운 계통의 소스이다.

※ 리오네즈 감자(Lyonnaise Potato) 만드는 방법을 적으시오.

※ 리오네즈 소스(Lyonnaise Sauce) 만드는 방법을 적으시오.

※ 야채 가니쉬(Vegetable Garnish)를 조리할 때 쓰였던 조리법 각 3가지 이상을 적으시오.

– 만든 후 참고할 점 및 보완할 점 –

작품사진

(실습 작품 첨부)

Roasted Red Snapper Herb Crust and Ricois Style Vegetable with Lemon Butter Sauce

리코이즈 채소를 곁들인 적도미크러스트와 레몬 버터 소스

요구사항

❶ 리코타 치즈를 만든 후, 모양을 내어 사용하시오.
❷ 닭가슴살은 둥글게 롤(Roll) 형태로 만들어 내시오.
❸ 감자는 퐁당트(Fondant) 포테이토를 만들어 사용하시오.
❹ 샤프란 소스는 포도주에 물을 우려 낸 후 이용하시오.

 지급재료와 컨디먼트 별 조리방법

Step 1. 닭가슴살 손질

닭 140g, 소금 조금, 후추 조금, 미르포아(당근, 셀러리, 양파)
❶ 닭가슴살은 끝부분 1cm 정도 남기고, 중앙을 잘라서 나비모양으로 편 후, 소금, 후추로 간을 한다.
❷ 손질하고 난 뼈는 치킨 스톡을 만든다.

Step 2. 리코타 치즈 만들기

시금치 40g, 우유 200ml, 밀가루 5g, 식초 15ml
❶ 시금치는 데친 후 짜서 물기를 없앤다.
❷ 우유는 약 90도로 데운 후 분량의 식초를 넣어 즉석 리코타치즈를 만든다.
❸ 만든 치즈는 시금치 잎으로 감싼 후, 닭가슴살 중앙부에 놓고 자른 반대편의 부분을 덮어 끝을 손으로 눌러 봉한 후, 밀가루를 묻힌다.
❹ 껍질 쪽을 먼저 색을 낸 후, 돌려서 고루 색을낸다.

Step 3. 샤프란 소스

양파 10g, 버터 조금, 백포도주 20ml, 생크림 20ml, 샤프란 조금, 치킨스톡 80ml, 밀가루 조금, 소금 조금, 후추 조금
❶ 다진 양파를 볶다가 백포도주를 넣고 1/3정도 졸인 다음, 다시 생크림을 넣어 1/2로 졸인다.
❷ 포도주에 우려낸 샤프란과 치킨 스톡을 넣고 반으로 졸인다.
❸ 농도를 조정한다. 필요시 화이트 루를 조금 만들어 놓는다.
❹ 간을 하여 완성한다.

Step 4. 마무리

❶ 샤프란소스와 닭가슴살 야채 및 감자 가니쉬
  – 준비된 소스를 바닥에 고루 돌려 뿌린 뒤 다져진 닭가슴살을 먹기 좋게 자른 다음 둥글게 돌려 배치를 한다.
  – 남은 야채가니쉬와 감자가니쉬로 장식을 한다.

▲ 퐁당트포테이토

▲ 닭가슴살손질하기

▲ 시금치에 리코타올리기

▲ 롤라드에 스터핑채우기

알아가는 기본지식!

리코타치즈(Ricotta Cheese) 리코타라는 말은 'recooked'의 '다시요리하다'에서 나온 말로 유청을 가열하여 만든다.

샤프란 소스(Saffron Sauce) 서양붓꽃인 샤프란에서 추출되는 암술로 만들며, 샤프란 1파운드를 만드는데 약 5~7만개의 꽃이 필요하며, 가장 비싼 향신료이다.

퐁당트 포테이토(Fondant Potato) 육수에 넣어 오븐에서 익힌 감자로, 닭고기나 로스트한 육류에 좋다.

※ 리코타 치즈 만드는 방법을 적으시오.

※ 샤프론 소스 만드는 방법을 적으시오.

※ 퐁당트 포테이토(Fondant Potato) 만드는 방법을 적으시오.

– 만든 후 참고할 점 및 보완할 점 –

작품사진

(실습 작품 첨부)

Stuffed Garlic Beef Tenderloin Steak and Anna Potato with Blanching Paprika add Bordelaise Sauce

안나포테이토를 곁들인 마늘무스를 첨가한 안심스테이크와
보흐델레즈소스

요구사항

❶ 마늘스터핑을 만들어 안심 속에 넣어서 제시하시오.
❷ 보흐델레즈소스를 만들어 안심과 같이 제시하시오.
❸ 감자는 안나 포테이토를 만들어 제출하시오.
❹ 주어진 채소(호박, 당근, 브로콜리)는 각 다른 조리법을 사용하여 조리하시오.

 지급재료와 컨디먼트 별 조리방법

Step 1. 안심 손질 및 마리네이드

소 안심 180g, 소금 조금, 후추 조금
❶ 오븐은 180도로 예열한다.
❷ 안심은 소창과 고기망치(혹은 굵은 실)를 이용하여, 모양을 만들고 소금, 후추로 양념한다.
❸ 안심 위에 마늘 크러스트를 넣고 미디엄으로 굽는다.

Step 2. 마늘 스터핑

마늘 6쪽, 글라스 드 비앙 20ml
❶ 마늘은 오븐에 구운 후 체에 내린다.
❷ 글라스 드 비앙과 같이 고루 섞는다.
❸ 고기보다 조금 작게 원형으로 만든다.
❹ 시어링된 안심 안에 넣는다.

Step 3. 보흐델레즈 소스

양파 다진 것 10g, 마늘 다진 것 3g, 버터 10g, 레드와인 5ml, 타임 1g, 데미글라스 30ml, 월계수잎 1잎, 소금 조금, 후추 조금
❶ 다진 양파와 마늘을 팬에 넣고, 버터로 볶는다.(당근, 셀러리를 같이 넣어 볶기도 한다.)
❷ 적포도주를 넣고 반으로 졸인 다음 향신료와 데미글라스를 넣고 끓인다.
❸ 소창에 거른다.

Step 4. 마무리

❶ 안심과 마늘크러스트 감자 및 채소요리와 보흐델레즈소스
  − 고기는 먼저 중앙에 배치 한 뒤, 감자와 야채를 색상에 맞게 배열한다.
  −마지막으로 준비된 소스로 도안한다.

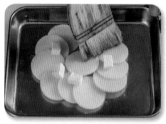
▲ 안나포테이토 준비

▲ 안심손질하기

▲ 마늘익혀서 체에 내리기

▲ 보흐델레즈소스만들기

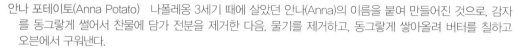
알아가는 기본지식!

안나 포테이토(Anna Potato) 나폴레옹 3세기 때에 살았던 안나(Anna)의 이름을 붙여 만들어진 것으로, 감자를 동그랗게 썰어서 찬물에 담가 전분을 제거한 다음, 물기를 제거하고, 동그랗게 쌓아올려 버터를 칠하고 오븐에서 구워낸다.

보흐델레즈소스(Bordelaise Sauce) 양파, 마늘, 백포도주와 브라운소스(데미글라스)를 넣은 브라운소스를 모체로 하는 소스

※ 보흐델레즈소스(Bordelaise Sauce) 만드는 방법을 적
으시오.

※ 안나 포테이토(Anna Potato) 만드는 방법을 적으시오.

※ 마늘 스터핑(Garlic Stuffing) 만드는 방법을 적으시오.

– 만든 후 참고할 점 및 보완할 점 –

작품사진

(실습 작품 첨부)

Roasted Duck Breast and Roesti Potato with Sun-dried to-mato and Bigarade Sauce, Orange Zest & Orange Segement

뢰스띠 감자를 곁들인 구운오리가슴살과 썬드라이토마토, 비가라드소스,
오렌지제스트&오렌지세그먼트

요구사항

❶ 비가라드소스를 만들어 사용하시오.

❷ 오리가슴살은 절임을 한 후, 플랑베(Flambe) 한 후, 미디엄 레어로 구우시오.

❸ 감자를 뢰스띠(rosti) 포테이토를 만들어 제시하시오.

❹ 주어진 채소(토마토,브로콜리,당근 글레이징, 그릴링 한 노란피망, 오렌지 제스트와 세그먼트)은 각기 다른 방법으로 요리하시오.

- -

 지급재료와 컨디먼트 별 조리방법

Step 1. 오리 손질 및 마리네이드

오리 가슴살 1개, 로즈마리 다진 것 1줄기, 타임 다진 것 1줄기, 올리브 오일 조금, 소금 조금, 후추 조금

❶ 오븐은 먼저 200도로 예열한다.

❷ 다진 로즈마리와 타임, 올리브유, 소금 및 후추를 볼에 고루 섞는다.

❸ 오리는 먼저 날개뼈를 제외한 나머지 뼈를 제거하고, 만든 2에 밑간을 한다.

Step 2. 플랑베 및 오븐요리

올리브 오일 조금, 브랜디 조금

❶ 가열된 팬에 올리브오일을 두르고 양념된 오리의 양면에 노릇하게 갈색이 나도록 시어링한 후 플랑베(Flambe) 한다.

❷ 팬에 미르포아(mirepoix)와 올리브유를 고루 두른 다음, 고기를 놓고 오븐에 넣어 미디엄 레어로 굽는다.

Step 3. 비가라드 소스

오렌지 1개, 설탕 10g, 레드와인 비네거 15ml, 오렌지 주스 50ml, Red Current Jelly 10g, Duck Jus 50ml, 소금 조금, 후추 조금

❶ 오렌지의 껍질은 아주 얇게 벗겨, 가늘고 길게(Julienne) 썰어 데친다. (Orange Zest)

❷ 오렌지의 과육은 세로로 껍질을 벗겨 섹션(Section)을 칼로 떼어낸다.

❸ 팬에 적당량의 설탕을 넣고, 카라멜화한 다음 적정량의 적포도주 식초, 오렌지주스와 준비된 제스트1을 넣고 끓인다.

❹ 오리육즙(Duck jus)을 3에 넣고, 원하는 농도를 맞춘다음 소금, 후추로 간을한다.

Step 4. 마무리

❶ 오리가슴살과 감자 및 채소요리
- 구워진 오리가슴살을 4~5등분하여, 접시에 배치하고 준비된 채소(당근,아스파라거스,호박,가지)를 모양이 좋게 접시에 배열한다.

❷ 비가라드 소스와 허브(로즈마리, 타임)
- 준비된 비가라드 소스를 뿌리고 여분의 허브 로즈마리와 타임으로 장식을 한다.

▲ 오리가슴살 트리밍

▲ 오리가슴살 마리네이드

▲ 오렌지제스트

▲ 오렌지세그먼트

▲ 비가라드소스

알아가는 기본지식!

플랑베(Flambe) 육류를 고객이 보는 앞에서 즉석요리를 할 때, 고기의 맛과 향을 증진시키기 위하여 고기 표면에 알콜 도수가 높은 주류를 이용하여 불꽃을 일으키는 요리 퍼포먼스

비가라드 소스(Bigarade Sauce) 구운 오리요리에 많이 사용되는 소스로, 오리육즙, 설탕 및 레몬즙이 들어간다.

오렌지 제스트(Orange Zest) 오렌지 겉껍질을 뜻하며, 달리 레몬, 오렌지, 라임 등도 이용된다. 용도는 후식류나 페스트리에 이용되며, 요리에서는 마멀레이드, 셔벗, 소스 및 샐러드에 이용되기도 한다.

뢰스띠(rosti) Potato 스위스풍의 감자요리

1. 감자를 소금물에 삶은 다음 거칠게 간다.
2. 양파는 불에서 약간 소테(Saute) 한 다음, 1과 같이 고루 섞고 간을 한다.
3. 팬에 기름을 두르고, 2를 전을 굽는 것처럼 모양을 동그랗게 만들어 팬에서 굽는다.
4. 갈색으로 만든다음 자른다.

Grilled Duck Breast with Orange Sauce(오렌지소스를 곁들인 오리가슴살 구이) 그릴에서 구운 오리가슴살로, 위의 메뉴에서 소스를 오렌지 소스로 바꾸면 된다.

가금류를 위한 오렌지소스

1. 버터를 넣고 가열하다가 밀가루를 넣고 볶아 화이트 루를 만든다. (루 대신 베르메니에를 사용하면 더욱 좋다.)
2. 물, 오렌지주스, 와인, 황설탕을 넣고 끓인다.
3. 오렌지 섹션(Section)과 제스트를 넣고 좀 더 끓여 완성한다.

※ 플랑베(Flambe)가 무엇인지 적으시오.

※ 뢰스띠 포테이토(Rosti Potato)가 무엇인지 적으시오.

※ 비가라드 소스(Bigarade Sauce) 만드는 방법을 적으시오.

- 만든 후 참고할 점 및 보완할 점 -

작품사진

(실습 작품 첨부)

Grilled Salmon Steak and Saffron Risotto with Lemon Cream Sauce

샤프론 리조또를 곁들인 연어스테이크와 레몬크림 소스

요구사항

❶ 연어는 절임을 한 후 완전히 익혀서 제출하시오.

❷ 레몬과 생크림으로 레몬크림소스를 만들어 생선과 같이 제공하시오.

❸ 샤프란 리조또를 만들어 제공하시오.

❹ 주어진 채소(당근, 아스파라거스, 느타리버섯)는 각 다른 조리법을 사용하여 조리하시오.

 지급재료와 컨디먼트 별 조리방법

Step 1. 연어 손질

연어 필렛 140g, 딜 2g, 소금 조금, 후추 조금, 올리브 오일 30ml

❶ 오븐은 미리 180도로 예열한다.

❷ 연어는 소금, 후추, 딜을 뿌려 올리브오일로 마리네이드한다.

❸ 연어를 석쇠에 골고루 익힌다.

Step 2. 샤프란 리조또

쌀 50g, 샤프란 조금, 버터 5, 양파 10g, 파르메산 치즈 10g, 소금 조금, 후추 조금

❶ 쌀은 뜨거운 물에 불려놓고 샤프란도 분량의 물과 함께 끓인다.

❷ 냄비에 버터를 넣고, 양파를 볶다가 쌀을 넣어 계속 저어가면서 샤프란 주스를 넣고 죽을 끓이듯이 요리한다.

❸ 파르메산 치즈를 넣고 간을 하여 완성한다.

Step 3. 레몬크림 소스

화이트 와인 60ml, 생크림 80ml, 버터 10g, 달걀노른자 1개, 타라곤 조금, 레몬 1/4개, 소금 조금, 후추 조금

❶ 소스팬에서 화이트 와인을 1/3으로 졸인 후, 생크림을 넣어 반으로 졸인다.

❷ 불에서 팬을 내린 후에 버터, 달걀노른자, 타라곤 주스, 레몬 주스 순으로 넣어 고루 섞어준다.

❸ 약한 불에서 농도를 조절하고 간을 한다.

Step 4. 마무리

❶ 연어 스테이크와 샤프란리조또, 레몬크림소스 야채 가니쉬

　　– 샤프란리조또는 바닥에 깔고 위에 볶은 시금치를 올려 놓는다.

　　– 구운 연어는 중앙에 배치하고 대파와 비트를 연어 위에 가지런히 놓고 두가지 소스를 색감이 나도록 배치한다.

▲ 연어손질

▲ 연어그릴링

▲ 샤프란 리조또

▲ 레몬크림소스

알아가는 기본지식!

샤프란 리조또 기본적인 리조또에 샤프란 우린 물을 넣어 색상을 입힌 쌀요리.

레몬 크림소스(Lemon Cream Sauce) 달걀노른자는 익기 쉬우므로, 열기를 식힌 후에 사용하여야 한다. 레몬과 생크림을 이용한 소스 주로 해산물과 잘 어울린다.

※ 레몬 크림소스(Lemon Cream Sauce) 만드는 방법을
　 적으시오.

※ 샤프란 리조또 만드는 방법을 적으시오.

※ 연어 절임할 때 사용하는 재료를 적으시오.

－ 만든 후 참고할 점 및 보완할 점 －

작품사진

(실습 작품 첨부)

Roasted Chicken Roulade Cranberry Stuffed and William Potato with Pan fry vegetable, tomato confit, Cranberry & Herb Sauce

크랜베리를 채운 구운닭가슴살 롤라드와 윌리엄포테이토, 팬프라이 모듬야채와 토마토 콘피를 곁들인 크랜베리 허브소스

요구사항

❶ 롤라드(Roulade)를 만들어 사용하시오.

❷ 허브소스(Herb Sauce)를 만들어 사용하시오.

❸ 닭은 팬에서 시어링(Searing) 한 다음 요리하시오.

❹ 감자는 윌리엄 포테이토를 만드시오.

❺ 채소(스노우피, 토마토, 파프리카)는 각기 다른 조리법을 이용하여 제출하시오.

 지급재료와 컨디먼트 별 조리방법

Step 1. 치킨롤

작은 닭(500g) 2마리, 크랜베리 50g, 정향 1알, 마늘 다진 것 2g, 라즈베리 5g, 타임 다진 것 5g, 소금 조금, 후추 조금

❶ 닭의 뼈를 발라낸다.

❷ 닭을 넓게 펴고 칼등을 이용하여 잔칼집을 넣어 준 다음, 마늘, 로즈마리, 타임, 소금, 후추에 재워 둔다.

❸ 크랜베리는 먹기 좋게 자른 후 채워 넣는다.

❹ 닭표면을 펴서 위에 3을 말아 넣고 조리용 실로 단단히 묶은다음 팬에서 시어링한다..

❺ 팬에 미르포아를 깔고 오븐에서 익힌다.

Step 2. 허브소스

양파 100g, 당근 2개, 셀러리 100g, 닭 뼈 조금, 토마토페이스트 100g, 레드와인 200ml, 타임 1줄기, 로브마리 1줄기

❶ 미르포아(당근, 셀러리, 양파)를 준비한다.

❷ 닭뼈를 오븐에서 갈색으로 굽는다.

❸ 포트에 구운 닭뼈와 물을 넣고 브라운 스톡을 만든 다음 체에 거른다.

❹ 팬에 기름을 두르고 다진 마늘, 미르포아(mirepoix)를 넣고 볶다가 다시 토마토 페이스트를 넣고 볶은 후 레드와인을 넣어 졸인다.

❺ 브라운 스톡을 넣고 타임 로즈마리 줄기를 넣어 은은하게 끓인 후, 체에 거른 다음 다진 향초를 넣는다.

Step 3. 마무리

❶ 닭가슴살과 채소 및 감자요리
  – 닭가슴살의 실을 풀고 4~5개의 적당한 크기로 썬 뒤, 준비된 감자와 더운 야채를 고루 배열한 다음, 닭가슴살을 배열한다.

❷ 소스와 허브
  – 앞면에 소스를 도안대로 배열하고 마무리한다.

▲ 윌리엄포테이토

▲ 닭가슴살 팬시어링

▲ 핫베지터블 준비

▲ 허브소스

알아가는 기본지식!

윌리엄 포테이토(William Potato) 만들기

1. 감자는 껍질을 벗기고 물에서 익힌다.
2. 으깨어서 소금, 크림, 버터, 노른자를 넣어 고루 잘 섞는다.
3. 표면에 빵가루를 약간 묻힌 다음 서양배 형태로 만든다
4. 180도로 예열한 기름에서 황금색으로 deep-frying한다.

롤라드(Roulade)　롤라드는 고기표면을 고르게 펴서 간을 하거나 절임을 한 후, 내용물을 채워 넣고 말아서 오븐에 구운 요리로, 롤(roll)이나 김밥처럼 말거나 실로 꿰메어 요리한다.

다시 한번 알아보는 유의사항 문제

※ 롤라드(Roulade)가 무엇인지 적으시오..

※ 윌리엄 포테이토(william potato) 만드는 방법을 적으시오.

※ 허브 소스(Herb sauce) 만드는 방법을 적으시오.

– 만든 후 참고할 점 및 보완할 점 –

작품사진

(실습 작품 첨부)

Roasted Quail Wrapped in Crepe and Jacket Potato with Boiled vegetable, Bigarde Sauce Add Orange Segement, zest

크레페에 감싸 구운 메추리구이와 쟈켓포테이토, 오렌지세그먼트, 제스트를 첨가한 비가라드소스

요구사항

❶ 메추리는 브레이징(Braising)한 다음, 크레페에 싸서 요리하라.
❷ 감자는 자켓 포테이토를 만들어 제시하시오.
❸ 지급된재료 중에서 채소(호박, 당근)는 각기 다른 방법(호박, 당근)으로 요리하라.
❹ 메추리는 손을 이용하여 뼈를 제거하시오.

 지급재료와 컨디먼트 별 조리방법

Step 1. 메추리손질 및 마리네이드

메추리 2마리, 로즈마리 다진 것 20g, 타임 다진 것 20g, 마늘 6쪽, 올리브오일 100g, 브랜디 100ml, 소금 20g, 흰후추 조금

❶ 메추리에서 가슴과 다릿살은 분리하여 힘줄, 지방 등을 제거한 다음 손질하여둔다.
❷ ①을 볼에 넣고 다진 타임, 로즈마리, 마늘과 소금, 후추, 올리브오일, 브랜디를 첨가하여 마리네이드 한다.

Step 2. 크레페

밀가루 40g, 설탕 15g, 정제버터 15g, 달걀 1ea, 우유 100ml

❶ 볼에 설탕 15g, 우유 100ml, 밀가루 40g, 달걀 1ea, 섞어놓고 정제버터 15g을 넣어 섞은 후 휴지시 킨다.
❷ 체에 내린다.
❸ 팬에 식용유를 살짝 바른 후, 크레페를 부친다.

Step 3. 비가라드 소스

메추리 뼈 조금, 양파 1개, 셀러리 100g, 당근 1/2개, 올리브 오일 조금, 토마토 페이스트 100g, 레드와인 200ml, 치킨스톡 300ml, 월계수잎 2잎, 통후추 10g, 타임 조금, 마늘 다진 것 조금, 샬롯 6개, 설탕 30g, 레드와인 비네거 100ml, 오렌지주스 200ml, duck jus 조금, 레몬 1/2개, 소금

❶ 팬에 메추리뼈, 양파, 셀러리, 당근(Mirepoix)을 굵게 썰어놓고, 올리브유에서 볶다가 갈색이 되면 토마토 페이스트를 넣고 신맛이 없어질때까지 더 볶는다.
❷ 레드와인을 붓고 반 정도로 졸인 후, 닭육수, 월계수잎, 통후추, 타임을 넣고 원하는 농도가 되면 소창에 거른다.
❸ 팬에 다진 마늘과 샬롯을 넣고 볶다가 설탕, 레드와인식초, 오렌지주스, 메추리육즙, 레몬주스, 월 계수잎, 통후추를 넣고 끓인다.
❹ 면보에서 거른 후 간 한다.

Step 4. 마무리

❶ 메추리굽기, 크레페에 싸기.
  – 메추리살은 미디엄으로 굽고, 팬에서 겉 표면을 갈색으로 낸 후 메추리육즙에 브레이징한 뒤 크레페에 감싼다.
❷ 크레페에 감싼 메추리고기와 채소요리, 비가라드 소스 허브 가니쉬.
  – 접시에 준비된 채소요리를 모양 및 배색에 맞추어 가지런히 담은 뒤 메추리가슴과 다릿살을 중 앙에 담아 완성한다.

▲ 메추리손질

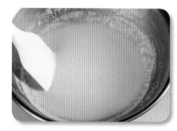
▲ 크레페반죽만들기

▲ 크레페굽기

▲ 자케포테이토만들기

▲ 자케포테이토 굽기

▲ 비가라드 소스

알아가는 기본지식!

크레페(Crepe) 크레이프 등으로 불리우며 디저트류 및 가금류 등과 같이 제공된다.

자켓 포테이토(Jacket Potato) 만드는법

1. 감자 표면에 소금과 올리브유로 간을 하고 오븐에서 익힌다.
2. 베이컨은 구워서 다져 놓는다.
3. 감자가 익으면 반을 잘라 속을 파낸다.
4. 파낸 감자 3와 크림치즈를 같이 넣어 포크로 가볍게 메쉬를 한 다음 썬 양파. 치즈, 베이컨을 넣고 같이 섞는다.
5. 4를 파낸 감자속에 넣고 오븐에서 굽는다.

다시 한번 알아보는 유의사항 문제

※ 크레페(Crepe)가 무엇인지 적으시오.

※ 자켓 포테이토(Jacket Potato) 만드는 방법을 말하시오.

※ 비가라드 소스(Bigarade Sauce) 만드는 방법을 말하시오.

– 만든 후 참고할 점 및 보완할 점 –

작품사진

(실습 작품 첨부)

Pan Fried Hawaiian Style, Ham & Cheese Stuffed Chicken Breast and Parmentier Potato with Grilled Pineaplle, Pineapple Sauce

파르망티에 포테이토를 곁들인 햄과 치즈로 속을 채운 하와이안 스타일의
닭가슴살구이 파인애플 소스

요구사항

❶ 닭가슴살은 절임을 한 후, 플람베(Flambe)하여 사용하시오.

❷ 파인애플 소스를 만들어 사용하시오.

❸ 감자는 파르망티에(Parmentier) 포테이토로 만들어 제시하시오.

❹ 주어진 채소(함초, 파프리카)은 각기 다른 조리법으로 조리하시오.

- -

 지급재료와 컨디먼트 별 조리방법

Step 1. 치킨롤

닭 가슴살 1개, 로즈마리 다진 것 2g, 타임 다진 것 2g, 정향 1개, 마늘 다진 것 2g, 올리브오일 20ml, 소금 조금, 후추 조금, 브랜디 10ml

❶ 닭가슴살은 날개뼈가 같이 붙어있도록 유의해서 손질한 후, 로즈마리, 타임, 올리브오일, 마늘, 소금 후추로 마리네이드한다.

❷ 팬프라잉 하여 양면이 고루 갈색이 나게 한 다음, 브랜디로 플람베를 한다.

Step 2. 소스만들기

파인애플 60g, 버터 조금, 그라스 드 비앙 20ml, 와인 조금, 칡가루 5g, 럼 10ml, 브랜디 10ml, 레몬 1/8개, 소금조금 후추 조금

❶ 주어진 파인애플의 반은 스몰다이스로 썰고 나머지 반으로 잘게 다진다.

❷ 팬에 다진 파인애플과 버터를 넣어 끓이다가 분량의 그라스 드 비앙을 넣는다.

❸ 칡가루는 와인에 잘 푼 후, 충분히 끓인다.

❹ 체에 거른 다음, 다이스한 파인애플을 ①을 넣고, 럼 브랜디, 레몬주스로 향을 낸 다음 소금 후추로 간을한다.

Step 3. 마무리

❶ 감자요리와 닭가슴살 그릴링한 파인애플과 채소 가니쉬

 – 준비된 파인애플을 중앙에 배치하고 준비된 닭가슴살은 그 위에 얹는다. 채소는 색상을 고려하여 배치한다.

❷ 소스와 허브 가니쉬

 – 소스는 뿌려서 마감을하고 허브는 가니쉬로 올린다.

▲ 닭고기 손질

▲ 파인애플 만들기

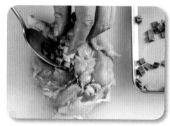

▲ 닭속에 햄과 치즈 스터핑

▲ 파르망티에 포테이토

 알아가는 기본지식!

파인애플소스(fine apple sauce) 파인애플 볶은 것이 들어가며, 그라스 드 비앙을 넣어 졸이는 갈색계통의 소스

파르망티에 포테이토 만들기

1. 감자는 1cm 정도의 사각으로 자른다음 소금, 후추로 간을 한다.

2. 버터에 볶다가 오븐에서 갈색을 낸다.

3. 파슬리 가루를 뿌려낸다.

※ 파르망티에 포테이토 만드는 법을 적으시오

※ 그라드 드 비앙을 넣은 파인애플소스 만드는법을 적으
시오.

– 만든 후 참고할 점 및 보완할 점 –

작품사진

(실습 작품 첨부)

Pastry Dough with Beef Tenderloin Wellington and Pan Gravy Sauce

페이스트리 반죽으로 구운 소안심 웰링턴과 팬그레이비소스

요구사항

❶ 안심을 굽고 난 후의 육즙을 사용하여 소스를 만드시오

❷ 안심은 미디엄으로 구워서 제출하시오.

❸ 반죽을 만들어서 안심을 싼 다음, 오븐에서 구워 제시하시오.

❹ 채소(애호박, 파프리카, 버섯)는 각 다른조리법으로 조리하시오.

- -

지급재료와 컨디먼트 별 조리방법

Step 1. 안심손질

소 안심 140g, 소금 조금, 후추 조금

❶ 오븐은 먼저 200도로 예열한다.

❷ 안심은 소창과 고기망치를 이용하여 둥근 형태로 만든 후 소금, 후추로 간을 한다.

❸ 팬을 가열시킨 후 안심의 모든 면을 갈색으로 시어링한다. (이 때, 나온 육즙은 마데이라소스에 사용되므로 보존한다.)

Step 2. 페이스트리반죽

버터 60g, 밀가루 80g, 소금 조금, 물 조금, 달걀 1개

❶ 버터는 두께 3mm 정도로 썰어 놓는다.

❷ 밀가루에 소금을 넣고 체를 친 후, 달걀 및 물을 넣고 되직하게 반죽한다.

❸ 정사각형으로 반죽을 한 후, 중앙에 반정도로 썰어 놓은 버터를 깔고 모서리를 중앙으로 하여 반죽을 접는다.

❹ 밀대로 밀어 다시 ③의 크기로 반죽을 만든 다음, 버터를 중앙에 놓고 다시 접기를 하여 비닐로 싼 후 냉장고에 보관한다.

Step 3. 뒥셀(Dexelles)

양파 다진 것 15g, 양송이 40g, 버터 60g, 화이트 와인 10ml, 생크림 10ml, 넛맥 조금, 파슬리 다진 것 조금, 소금, 후추 조금

❶ 양파는 곱게 다지고 양송이는 브뤼누아즈(Brunoise) 크기로 썰어둔다.

❷ 팬에 버터를 넣고, 양파, 양송이를 넣어 볶다가 백포도주를 넣고 졸인다.

❸ 적정량의 생크림을 넣고, 수분이 졸여질 때까지 조리한다.

❹ 넛맥가루, 파슬리가루, 소금 후추를 넣어 간을 한다.

Step 4. 팬그레이비 소스

버터 30g, 그라스 드 비앙 50ml, beef jus(육즙) 조금, 밀가루 10g

❶ Step 1에서 안심에서 나오는 육즙과 그라스 드 비앙에 버터를 넣고 가열한다.

❷ 레드와인을 넣고 졸인다.

　– 준비된 감자요리와 채소요리는 색상과 모양을 비교하여 배열하고 치커리와 타임을 위에 가니쉬로 장식하여 입체감을 향상시킨다.

Step 5. 고기 처리 및 굽기

머스터드 50g, 베이컨 30g, 뒥셀 50g, 페스트리 도우, 안심, 달걀 1개

❶ 오븐에서 미디엄 레어로 익힌 다음, 표면에 겨자를 고루 발라준다.

❷ 랩 위에 베이컨, 듁셀, 익힌 고기를 깔고 김밥 말 듯이 돌돌 말아 타이트하게 한 다음, 냉장고에 10분정도 보관한다.

❸ 만든 페이스트리 반죽 위에 달걀물을 고루 바른다.

❹ 만든 ②를 중앙에 놓고, 반죽으로 고기를 감싸고 끝부분은 접은 다음 거꾸로 돌린다.

❺ 끝부분은 떼어내고 반죽을 정리한 다음 달걀물을 외피에 고루 입힌다.

❻ 어슷하게 칼집을 내준 다음, 200도에서 약 30분~35분 정도 구워낸다.

Step 6. 마무리

❶ 비프 웰링턴과 채소요리 그리고 소스 가니쉬로는 로즈마리.
   – 익힌 웰링턴을 칼로 반으로 잘라낸 다음, 접시에 배열한 뒤 채소를 모양 및 색상별로 배치한다.

▲ 고기시어링

▲ 듁셀만들기

▲ 페이스트리반죽에 듁셀채우기

▲ 안심반죽에 감싸기

▲ 팬그레이비소스만들기

알아가는 기본지식!

페이스트리 반죽(Pastry Dough) 페이스트리(Pastry)는 밀가루에 유지, 물을 섞어 반죽하여 표면이 바삭하게 구운 과자 혹은 빵이다. 맛과 모양이 다양하며, 특히 유럽은 나라마다 독특한 페이스트리가 있는데 프랑스와 덴마크, 영국의 것이 유명하다. 반죽은 각 제품마다 다르므로 용도에 맞게 만든다.

시어링(Searing) 고기의 표면을 높은 열로 구워 갈색화 시키는 것으로 육즙의 유출을 방지하여 맛을 낼 수 있게하는 조리법의 일종이다.

벨지움 엔다이브(Belgiun Endive) 벨기에에서 처음으로 생산되었다 하여(벨지움 엔다이브) 라고 하며, 당분이 풍부하며 몸에 잘 흡수되므로, 다이어트 채소로도 인기가 높으며 약간 쌉쌀한 맛을 가지고 있다.

팬 그레이비 소스(Pan Gravy Sauce) 팬에 구울 때 육류에서 흘러내린 기름으로 만든 그레이비(Gravy 육즙)을 활용한 소스.

다시 한번 알아보는 유의사항 문제

※ 시어링(Searing) 이 무슨 조리법인지 적으시오.

※ 팬그레이비 소스(Pan Gravy Sauce) 만드는 방법을 적으시오.

※ 페이스트리 반죽(Pastry Dough) 만드는 방법을 적으시오.

- 만든 후 참고할 점 및 보완할 점 -

작품사진

(실습 작품 첨부)

Roasted Pork Tenderoin and Grilled Polenta with Grilled eggplant Glazing carrot, Mustard Cream Sauce

폴렌타를 곁들인 돼지안심과 머스터드 크림소스

요구사항

❶ 폴렌타를 만든 다음 구워서 곁들이시오.
❷ 머스터드 크림소스를 만들어 사용하시오.
❸ 돼지안심은 허브에 절여서 사용하고 웰던(Welldone)으로 조리하시오.
❹ 채소(가지,토마토,아스파라거스)는 각 다른조리법을 이용하여 조리하시오.

 지급재료와 컨디먼트 별 조리방법

Step 1. 안심손질
돼지안심 140g, 타임 2줄기, 로즈마리 2줄기, 통후추 3개, 소금 2g, 후추 2g, 올리브오일 30ml
❶ 돼지 안심은 표면을 손질한다.
❷ 타임, 로즈마리는 미리 다진다.
❸ 올리브오일에 다진 2와 으깬 통후추, 소금을 넣고 고루 섞은 다음 고기표면에 발라 절임을 한다.
❹ 절여진 고기는 팬에서 고루 갈색이 나도록 구운 다음, 오븐에서 미디엄 웰던으로 구워 낸다. 이때, 생긴 육즙(Jus)은 버리지 말고 소스를 만들 때 사용한다.

Step 2. 폴렌타
우유 50ml, 마늘 1쪽, 양파 30g, 폴렌타 40g, 타임 1줄기, 소금 2g, 후추 1g
❶ 냄비에 우유, 다진 마늘과 양파를 넣어 끓인다.
❷ 옥수수가루를 넣어 조금씩 섞어가면서 거품기로 잘 풀어준다.
❸ 타임, 소금, 후추를 넣고 되직한 적정농도가 되도록 만든다.
❹ 모양(세모 혹은 원형)을 만들어 식힌 후, 그릴에서 굽는다.

Step 3. 머스터드 크림 소스
샬롯 10g, 화이트와인 20ml, 머스터드 20ml, 생크림 30ml, 설탕 조금, 소금 2g, 후추 1g
❶ 냄비에 다진 샬롯을 넣고 볶다가 와인을 넣고 1/3 정도로 졸인다.
❷ 머스터드와 크림을 넣고 졸인 후, 농도를 맞추어 설탕, 소금 및 후추로 간을한다.

Step 4. 마무리
❶ 양고기, 채소, 폴렌타, 머스터드 크림소스
  - 구워진 고기는 적당한 두께로 잘라 접시 중앙에 배열하고, 더운 야채는 어울리게 배열한다.
  - 머스터드 크림소스는 뿌려 제출한다.
❷ 가니쉬 (세이지, 튀긴 연근)
  - 윗부분에 세이지와 튀긴 연근을 입체적으로 놓아 완성한다.

▲ 폴렌타 만들기

▲ 돼지안심 마리네이드

▲ 돼지안심익히기

▲ 머스터드크림소스

알아가는 기본지식!

그라세(불, Glaser, 영, Glaze) 표면에 설탕, 버터 등으로 윤기가 나도록 코팅을 입히는 것.

폴렌타(Polenta) 옥수수가루와 우유로 만든 요리

머스터드 크림소스(Mustard Cream Sauce) 갠 겨자에 크림을 넣어 만든소스

미디엄 웰던(Medium Welldone) 고기의 익힘정도를 나타내는 말로, 미디엄보다 살짝 더 익힌 것으로 내부온도가 68도에서 74도이며, 돼지고기의 경우 위생적인 문제로 거의 웰던(Welldone)으로 요리한다.

Pork Medallion with Gravy Sauce 안심 속에 내용물을 채워넣고 실로 싸서 메달처럼 썰어서 내는 요리로, 소스는 요리할 때 나오는 액즙을 이용한 그레이비를 사용한다.

Stuffed porkloin with Plums and apple with Vegetables 서양 오얏과 사과를 속에 채운(Stuffed) 동그랗게 롤라드한 돼지고기 요리로, 액즙에 생크림을 넣어서 졸여 그레이비로 활용한다. 애플소스는 돼지고기에 잘 어울리는 소스이다.

※ 폴렌타(Polenta)가 무엇인지 적으시오.

※ 고기의 익힘 정도를 가르키는말은 약 6가지가 있는대
  6가지를 적으시오.

※ 머스터드 크림소스 만드는 방법을 적으시오.

– 만든 후 참고할 점 및 보완할 점 –

작품사진

(실습 작품 첨부)

Grilled Beef Tenderloin and Flan Potato with Grilled vegetable, Glazing carrot, Foyot Sauce

소안심구이와 플랜포테이토, 구운야채, 글레이징한 당근과 포요트소스

요구사항

❶ 소고기 안심은 미디엄으로 구워내시오.
❷ 포요트 소스(Foyot Sauce)를 만드시오.
❸ 감자는 플랜 포테이토(Flan Potato)를 만들어 제시하시오.
❹ 주어진 채소(가지, 당근, 아스파라거스)는 각 다른 조리법을 사용하여 조리하시오.

 지급재료와 컨디먼트 별 조리방법

Step1. 안심 손질 및 절임

소 안심 140g, 올리브 오일 조금, 소금 조금, 후추 조금

❶ 오븐은 먼저 200도로 예열한다.
❷ 안심은 소창과 고기망치를 이용하여 모양이 잘 나게 정리한 다음, 올리브오일, 소금 및 후추를 표면에 고루 바른다.
❸ 팬에 고기를 넣고, 양면을 갈색이 나게 시어링한다.

Step 2. 듁셀(Duxelles)

양파 다진 것 50g, 마늘 다진 것 10g, 양송이 80g, 버터 조금, 생크림 60ml, 소금 조금, 후추 조금

❶ 양파와 마늘은 곱게 다지고, 양송이는 브뤼누아즈 크기로 썰어둔다.
❷ 팬에 버터를 놓고, 양파, 마늘, 양송이를 넣어 볶다가 백포도주를 넣고 졸인다.
❸ 적정량의 생크림을 넣고 졸인 다음, 소금, 후추로 양념한다.

Step 3. 베어네이즈 소스(Bearnaise Sauce)

버터 120g, 달걀노른자 1개, 타라곤 20g, 식초 10ml, 양파 다진 것 20g, 소금 조금, 후추 조금

❶ 버터는 중탕하여 정체버터를 추출한다.
❷ 타라곤, 식초, 다진 양파를 넣어 1/3 정도로 졸인다. (타라곤 식초 제조)
❸ 중탕기에서 노른자에 정제버터를 조금씩 넣어 가면서 홀랜다이즈 소스를 만든다.(타라곤 식초도 조금씩 첨가한다.)
❹ 어느정도 소스가 완성되면, 타라곤을 넣고, 소금, 후추로 간을 한다.

Step 4. 레드와인 소스(Red wine sauce)

양파 20g, 셀러리 10g, 당근 10g, 버터 10g, 레드와인 20ml, 데미글라스 60ml, 월계수잎 1잎, 소금 조금, 후추 조금

❶ 미르포아는 굵직하게 썰고 팬에 버터를 두른 뒤 미르포아를 넣고 볶는다.
❷ 레드와인을 넣어 반 정도 졸인다음, 데미글라스를 넣는다.
❸ 간을 하고 체에 거른다.

Step 4. 포요트 소스(Foyot Sauce)

베어네이즈 소스, 레드와인 소스

❶ 베어네이즈 소스를 준비한다.
❷ 베어네이즈 소스에 레드와인 소스를 부어 농도를 조절한다.

Step 5. 마무리

❶ 미디엄으로 구운 안심과 감자, 채소 가니쉬, 소스
　 – 미디엄으로 구운 안심으로 중앙을 잡고 감자요리와 채소 가니쉬를 적절하게 배치한다.
　 – 레드와인 소스와 포요트소스는 색상이 각기 다르므로 도안 하여 배치한다.
　 – 고기위에 듁셀을 놓아 마무리한다.

▲ 플랜포테이토

▲ 듁셀 크넬 만들기

▲ 베어네이즈 소스만들기

▲ 레드와인소스만들기

▲ 호요트소스만들기

알아가는 기본지식!

플랜 포테이토(Flan Potato)　감자를 삶은 다음 퓨레로 만들어 버터, 넛맥, 달걀, 후추, 파슬리가루, 크림등을 넣어 몰드에 버터를 칠하고 혼합물을 넣어 오븐에서 구워낸 것.

포요트 소스(Foyot Sauce)　포요트 소스의 모체소스는 홀랜다이즈 소스이다. 여기에 타라곤을 다져서 넣으면 베어네이즈 소스가 되고, 여기에 레드와인 소스를 혼합하면 포요트 소스가 된다.

이를 도식으로 표시하면
① 홀랜다이즈 소스 + 타라곤 → 베어네이즈 소스
② 베어네이즈 소스 + 레드와인 소스 → 포요트 소스

※ 포요트 소스(Foyot Sauce) 만드는 방법을 적으시오.

– 만든 후 참고할 점 및 보완할 점 –

※ 베어네이즈 소스(Bearnaise Sauce) 만드는 방법을 적으시오.

※ 플랜 포테이토(Flan Potato) 만드는 방법을 적으시오.

작품사진

(실습 작품 첨부)

저자약력

김정수

현) 배재대학교 외식경영학과 교수
대덕대학교 호텔외식조리과 교수
호텔 리츠칼튼서울 Garden Kit(이탈리안 레스토랑) 근무
세종대학교 일반대학원 조리외식경영학과 박사
세종대학교 일반대학원 조리외식경영학과 석사
한국산업인력공단 심사위원
대한민국 조리기능장

채현석

현) 한국관광대학교 호텔조리과 교수
호텔리츠칼튼서울 조리장 근무
Hotel Riviera 근무
한국산업인력공단 심사위원
경기대학교 외식산업경영전공 관광학 박사
대한민국 조리기능장

이교찬

현) 우송대학교 외식조리학부 교수
롯데호텔 조리부장
경기대학교 외식산업경영전공 관광학 박사
단국대학교 관광경영학과 경영학 석사
한국산업인력공단 심사위원
대한민국 조리기능장

도움을 주신 분들
이용하, 정진명, 박상인, 성연지, 장재원, 최혜진, 강현택

저자와의
합의하에
인지첩부
생략

기초서양조리

2018년 3월 10일 초 판 1쇄 발행
2020년 2월 25일 개정판 1쇄 발행

지은이 김정수 · 채현석 · 이교찬
펴낸이 진욱상
펴낸곳 (주)백산출판사
교 정 편집부
본문디자인 장진희
표지디자인 오정은

등 록 2017년 5월 29일 제406-2017-000058호
주 소 경기도 파주시 회동길 370(백산빌딩 3층)
전 화 02-914-1621(代)
팩 스 031-955-9911
이메일 edit@ibaeksan.kr
홈페이지 www.ibaeksan.kr

ISBN 979-11-90323-78-9 93590
값 30,000원